최강 스도쿠 2 (중급)

최강 스도쿠 2 (중급)

2019년 7월 15일 초판 1쇄 발행
2024년 8월 10일 초판 4쇄 인쇄
2024년 8월 15일 초판 4쇄 발행

그림 · 기획 | 퍼즐 아카데미연구회
감수 | 강주현
엮음 | 편집부
펴낸이 | 이규인
편집 | 최미라
펴낸곳 | 도서출판 창
등록번호 | 제15-454호
등록일자 | 2004년 3월 25일
주소 | 서울특별시 마포구 대흥로 4길 49, 4층(용강동 월명빌딩)
전화 | (02) 322-2686, 2687   **팩시밀리** | (02) 326-3218
홈페이지 | www.changbook.co.kr
e-mail | changbook1@hanmail.net

ISBN : 978-89-7453-462-2(13410)

정가 8,000원

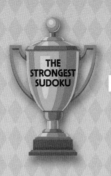

THE STRONGEST SUDOKU

최강 스도쿠

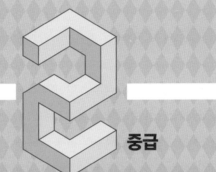

2 중급

창

Chang Books

가장 어려운 '스도쿠'를 갈망했던 분들께 드리는
최고의 선물!

지금까지 세상에 나온 스도쿠 책을 모두 섭렵하고 '이제 더 이상 내가 풀 수 없는 문제는 이 세상에 없는가?'라며 어려운 문제에 목말라 있던 스도쿠 마니아들! 그들의 갈증을 해소하기 위해 탄생된 이 책이 드디어 여러분을 찾아갑니다. 여기 실린 모든 문제들이 결코 만만하게 풀리는 문제가 아님을 다시 한 번 상기하셔서, 급하게 다가가지 말고 충분히 시간을 들여 즐기듯이 풀어주십시오. 이 책을 펼치는 모든 분들이 너무 어렵다고 포기하지 않으셨으면 하는 바람입니다. 끝까지 풀어내는 당신이야말로 스도쿠의 최고수입니다!

◆스도쿠 룰과 풀이 방법◆

룰

1. 세로 9열, 가로 9열의 모든 열에 1~9까지의 숫자가 하나씩 들어갑니다.

2. 굵은 선으로 그려진 모든 9개의 칸 안에도 1~9까지의 숫자가 하나씩 들어갑니다.

풀이 방법

최강 스도쿠를 풀기 위해서는 각각의 문제에 따라 몇 가지 테크닉이 필요합니다. 테크닉의 종류를 크게 나누어 보면 네 가지가 있습니다.

가. 어떤 숫자가 어느 칸에 들어갈까

나. 어떤 칸에 어느 숫자가 들어갈까

다. 복합적인 테크닉(정원定員을 확정하는 방법)

라. 고도의 테크닉(숫자 게임의 최상급 해법 테크닉)

기본적인 방식은 가와 나의 두 종류입니다. 다의 복합적인 테크닉은 그것들을 한데 조합한 것에 불과합니다.

가와 나에서도 각각의 열에 주목을 하거나 블록에 주목하는 두 가지 풀이 방법이 있습니다. 일단은 기본적으로 각각의 패턴을 익히도록 합시다.

가. 어떤 숫자가 어느 칸에 들어갈까

1. 열에 주목

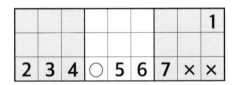

								1
2	3	4	○	5	6	7	×	×

1이 위에서부터 셋째 열의 어느 칸에 들어갈지를 생각해 봅니다. ×가 있는 칸은 블록 안에 이미 1이 들어 있기 때문에 안 됩니다. 1은 ○의 칸에만 들어갈 수 있습니다.

2. 블록에 주목

1이 왼쪽 위 블록 안의 어떤 칸에 들어갈지를 생각해 봅니다. 세로 열, 가로 열에서 중복되지 않는 칸은 ○의 칸밖에 없습니다. 그러므로 ○에 1이 들어갑니다.

×	×	×					1	
×	×	×			1			
○	×	2						
	1							

나. 어떤 칸에 어느 숫자가 들어갈까

3. 열에 주목

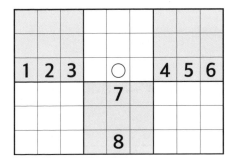

1	2	3		○		4	5	6
				7				
				8				

○의 칸에 들어갈 숫자가 무엇인지를 생각해 봅니다. 세로 열, 가로 열에 9 이외의 숫자가 이미 들어 있습니다. ○에 들어갈 숫자는 9밖에 없습니다.

4. 블록에 주목

1		2						
3		4						
	○			5			6	
	7							
	8							

○의 칸에 들어갈 숫자가 무엇인지를 생각해 봅니다. 블록 안에 1~4, 세로, 가로 열에 5~8이 이미 들어가 있기 때문에 ○에 들어갈 것은 9밖에 없습니다.

다. 복합적인 테크닉(정원을 확정하는 방법)

5. 정원을 확정하는 방법 1

			☆	5	☆			
	1	3				4	2	
2			4	○	6			1

○의 칸에는 어떤 숫자가 들어가야 할까요? 그것을 결정하기 전에 두 개의 ☆ 칸에 들어갈 숫자를 생각해 봅시다. 이 두

칸에는 세로 열부터 1, 2(순서가 같지 않음)밖에 들어갈 수 없기 때문에, 쉽게 말해서 정원이 꽉 차 있다는 것을 알 수 있습니다. 그렇다면 ☆이나 ○의 어느 한쪽에 들어가야 할 3은 ○에 들어가도록 정해집니다.

6. 정원을 확정하는 방법 2

1	○	☆						
				3			4	5
☆		2			5			
	3							
	4							

5와 같은 방식이지만, 세로와 가로 양 방향에서 정원이 꽉 차 있는 칸을 찾아내는 방법입니다. 두 개의 ☆ 칸에는 3과 4밖에 들어갈 수 없습니다. 그렇다면 이 블록 안에서 5가 들어갈 칸은 ○ 칸밖에 없습니다.

7. 정원을 확정하는 방법 3

			1		2			
3	☆	4		○		5	☆	6
			2	★	1			
	7						8	
			5	★	6			

최상급 문제에서는 정원을 확정하는 방법을 두 번 이상 이용해서 특정 칸에 들어갈 숫자를 찾아내야 할 경우도 있습니다. 이것은 바로 그 예입니다. 이미 ☆ 칸에는 1, 2가 들어가 있기 때문에 ○와 그 좌우의 3칸에는 7~9의 숫자가 들어갈 수 있습니다. 또한 ★ 칸에는 7, 8이 들어간다는 것도 알 수 있습니다. 따라서 ○ 칸에는 9밖에 들어갈 수 없습니다.

라. 고도의 테크닉(숫자 게임의 최상급 해법 테크닉)

8. 세 개의 숫자 동맹

숫자가 세 개 이상이더라도 그 숫자와 같은 만큼의 칸을 차지하는 경우, 정원을 확정하는 방법을 쓸 수 있습니다. 기본적인 방법은 두 개의 숫자일 경우와 같지만, 세 개의 숫자 이

상이 되면 실수할 확률이 배가 되기 때문에 동맹 숫자를 찾기 위해 세심한 주의를 기울여야 합니다.

	6	5						
	4				5			
		4		1	6			
☆	★	2	★	☆	3	9	★	☆
5			2	6				4
	1							

★로 표시된 세 칸에는 세로 열과 블록에 있는 숫자에서 4, 5, 6의 숫자는 들어가지 않습니다. 따라서 ★에는 1, 7, 8 중에 하나가 들어가고, ☆에 4, 5, 6 중에 하나가 들어가게 됩니다. 예제에서는 그 덕분에 하단 중앙의 블록 안에 1이 들어갈 칸을 찾아낼 수 있습니다.

	6	5						
	4				5			
		4		1	6			
		2	1		3	9		
5			2	6				4
	1							

하단 중앙의 블록에서 1이 들어갈 칸이 결정됨

9. 사각의 대각선

세로 열, 혹은 가로 열의 어느 한쪽에서 어떤 숫자가 사각형의 어느 한쪽과의 대각을 이루는 칸에 들어간다는 것을 알았을 경우에 쓰는 테크닉입니다.

	×			7	×			
	×				×			
8	★	3			☆	2	4	
	×				×			
4	×	2		1	8			5
	×				×			
5	☆	8			★	9	6	
	×				×			
	×		7		×			

가로 열에서 생각해 보면 위에서 셋째 단과 일곱째 단의 열은 모두다 ★ 또는 ☆의 어느 곳인가에 7이 들어갑니다.

사각형의 대각선에 위치하는 ★★ 혹은 ☆☆의 어느 한쪽에 들어가게 되는데, 어쨌거나 그 ★☆이 있는 세로 열의 어느 한 곳에 7이 들어가기 때문에 그 이외의 × 칸에는 7이 들어갈 수 없습니다. 따라서 다섯째 단의 열에서 7이 들어갈 칸을 찾을 수 있습니다.

				7			
8	★	3			☆	2	4
4		2	1		8	7	5
5	☆	8			★	9	6
		7					

다섯째 단의 열에서 7이 들어갈 칸이 결정됨

CONTENTS

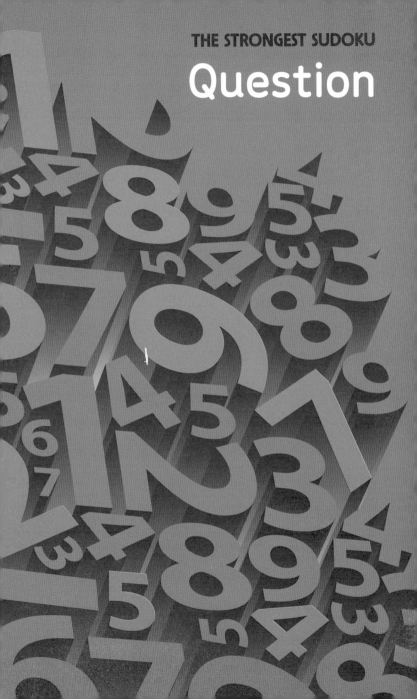

THE STRONGEST SUDOKU

Question

001

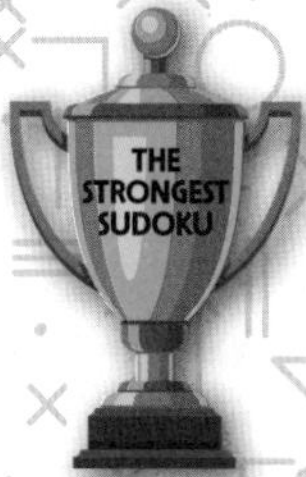

	5							8
3				4	5	9		
		7					2	
			1				7	
	6						5	
	4				2			
	3					4		
		8	6	3				2
5							9	

Date.

Time.

002

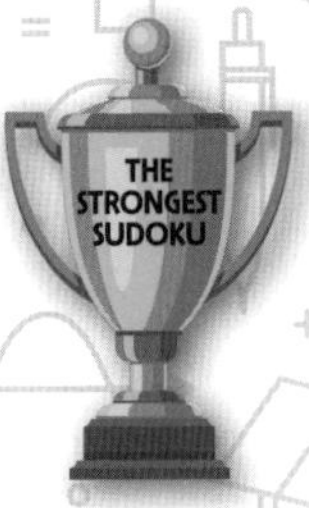

	6	4	9					
		5				6	2	
					5			7
			8					3
		1		7		5		
9					4			
7			4					
	2	8				1		
					6	3	5	

Date.

Time.

003

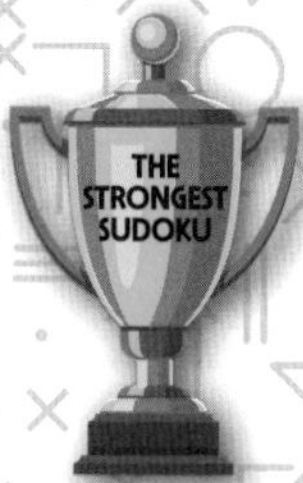

			7	1	5			
		4				8		
	6						2	
1			2		3			9
8								7
7			1		9			4
	3						9	
		2				4		
			9	5	4			

Date.

Time.

004

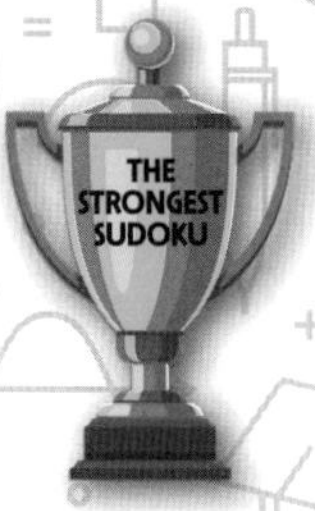

		7			8			
		5				4		2
9				3			8	
	4		6					
		2				5		
					4		7	
	2			9				8
5		8				7		
			3			9		

Date.

Time.

005

9	8							2
			7					4
		3			1	6		
		7		9			6	
			2		3			
	5			8		9		
		1	3			8		
7					6			
2							4	7

 Date.

 Time.

THE STRONGEST SUDOKU

006

	6		5				3	
2		8		6		9		
					4			1
	5						7	
		2				1		
	4						6	
7			6					
		3		2		8		4
	1				9		2	

Date.

Time.

007

1	2						7	3
6								8
			5	6				
		6	8					
		1				9		
					3	1		
				8	2			
2								4
4	8						5	6

Date. _____   Time. _____

008

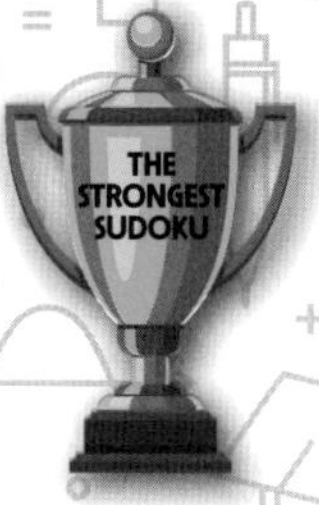

		2			9			1
	9			7			8	
1			2		6			
						1		8
	4						9	
5		8						
			9		4			6
	3			8			5	
8			1			3		

Date.

Time.

009

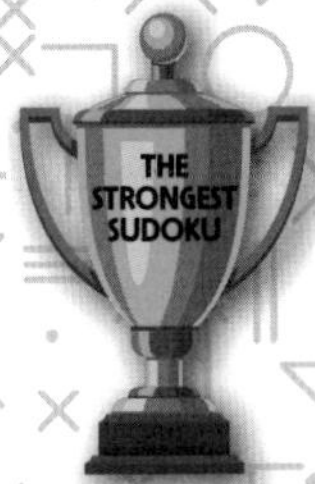

8			5		4			2
7				1				8
4	2			6			7	3
		9				4		
2								9
	6			5			8	
				8				
		5				6		
			6		7			

Date.

Time.

010

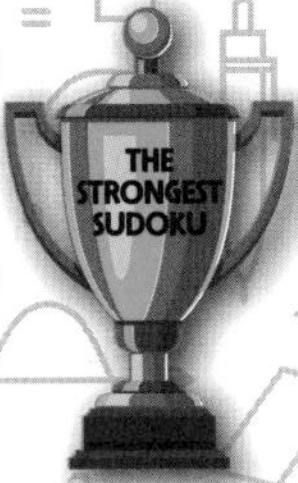

							9	8
	1	2	3					7
	8		4		6	3		
	7	6	5			9		
		4			9	8	7	
		5	8		2		6	
1					3	4	5	
2	3							

Date.

Time.

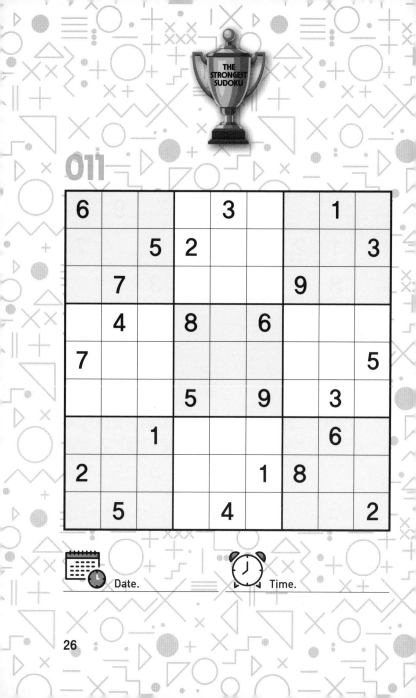

011

6				3			1	
		5	2					3
	7					9		
	4		8		6			
7								5
			5		9		3	
		1					6	
2					1	8		
	5			4				2

Date.

Time.

012

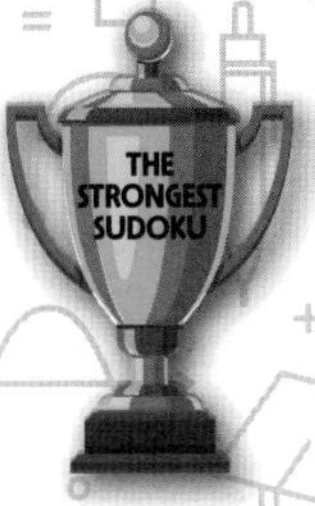

		5			9	6		
			3	5				
2								8
	9				5			3
	3						8	
7			8				4	
5								6
				2	6			
		9	4			2		

Date.

Time.

		2				9		
		6				5		
8			4		3			7
				1				
5	2						3	9
				8				
3			6		5			4
		9				3		
		5				8		

Date.

Time.

014

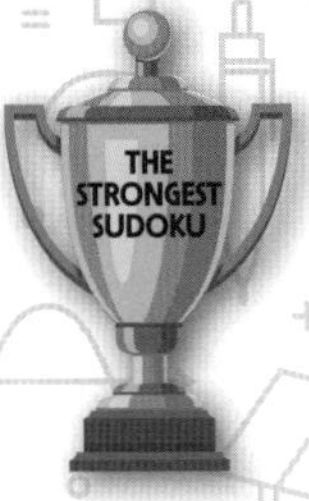

	3					7		
1					2			9
	5			6			4	
		6	4				8	
2								3
	9				1	5		
	4			3			1	
8			9					2
		7					6	

Date.

Time.

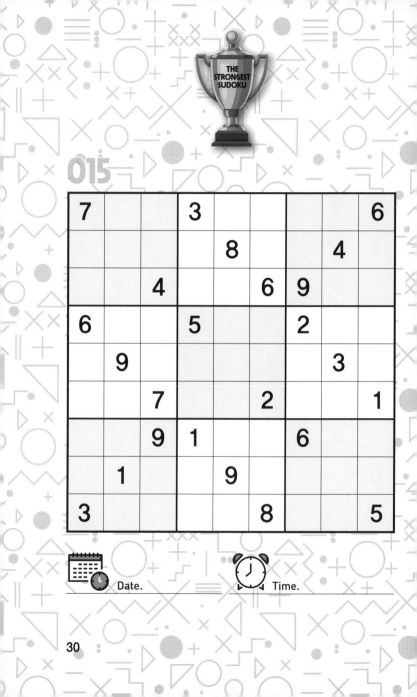

THE STRONGEST SUDOKU

015

7			3					6
				8			4	
		4			6	9		
6			5			2		
	9						3	
		7			2			1
		9	1			6		
	1			9				
3					8			5

Date.

Time.

30

016

1					6			9
		7		9		6		
	9		3				8	
7					2			5
2			9					7
	5				3		9	
		6		7		3		
8			2					1

Date.

Time.

31

017

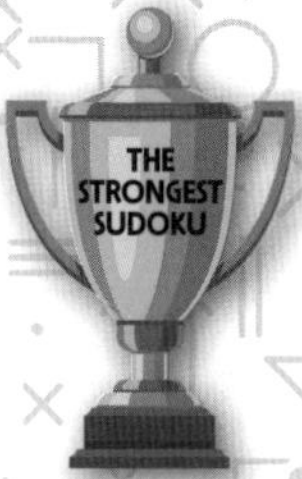

	2							
6					9			7
	5			1			9	
		7	9				6	
3								4
	8				2	1		
	1			6			8	
4			7					3
							5	

Date. Time.

018

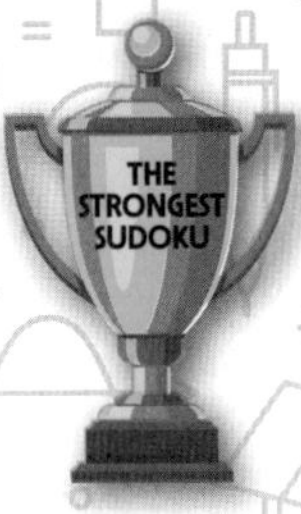

				8				
		2	6		4	1		
	9			3			7	
	2						8	
9		6				2		5
	3						1	
	1			2			3	
		4	8		3	6		
				1				

Date.

Time.

THE
STRONGEST
SUDOKU

019

	3			7				
			9		1			8
							1	
9			3			5		
2		8		1		9		4
		1			7			2
	2							
7			8		4			
				3			5	

Date.

Time.

020

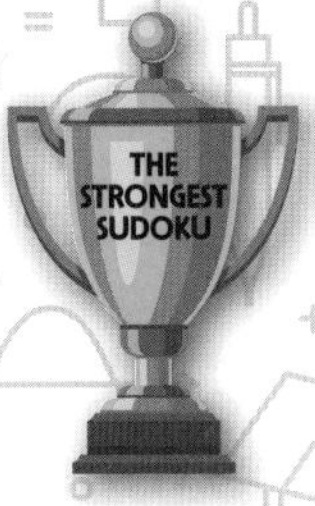

	2			8				
5		8	2			3		
	9				7		6	
	3					4		
8				5				9
		4					8	
	7		8				1	
		9			3	8		6
				1			7	

Date.

Time.

021

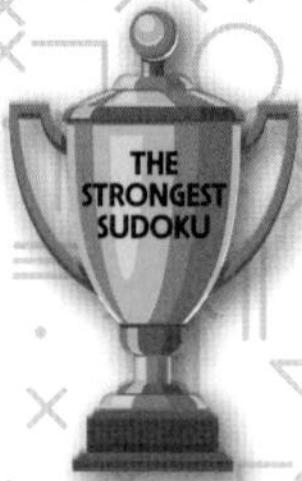

		6				2		
			2				6	
8					3			7
	4		8			5		
				4				
		2			5		9	
1			6					2
	3				9			
		9				6		

Date.

Time.

022

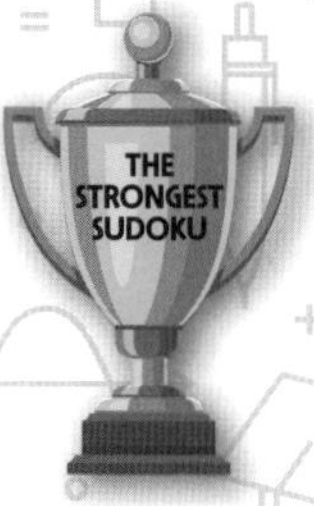

		5			2	8		
		7		1				
3			9				7	6
6					9	3		
	3						9	
		2	1					4
4	8				5			2
				9		5		
		9	3			4		

Date.

Time.

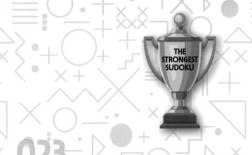

023

		2			4		9	6
				2				1
6			3					
	3				9			2
		8				5		
4			5				6	
					8			7
3				6				
7	5		9			4		

Date.

Time.

024

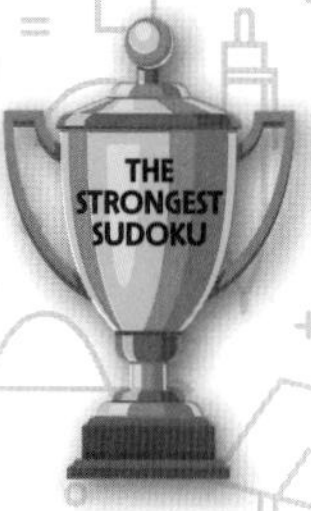

1			5			6		
				7			8	
				3				1
5			4					
	6	1				9	2	
					8			3
7				2				
	9			6				
		3			9			6

Date.

Time.

025

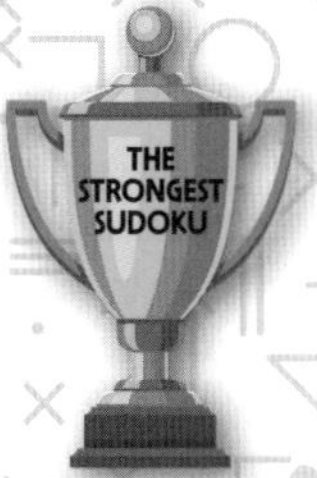

	2				3	7		1
			6					2
1					5			
9		3					4	
				5				
	6					2		8
			8					3
7					6			
4		2	1				5	

Date.

Time.

026

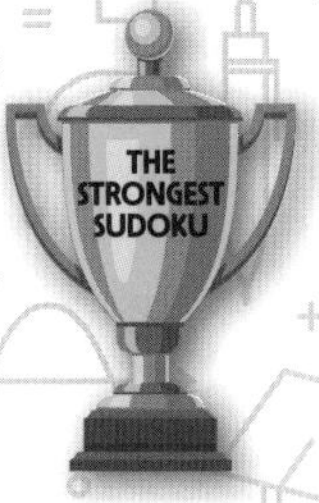

		9			6			
5			4			7		
	1			3			8	
		3						4
6			7			5		
	8			9			1	
					1			5
2			3			6		
	4			5			3	

Date. Time.

		1	3					
		5	7					
7	6				2	5		
9	3				6	7		
				1				
		6	4				5	8
		4	9				2	3
					5	6		
					8	4		

Date.

Time.

028

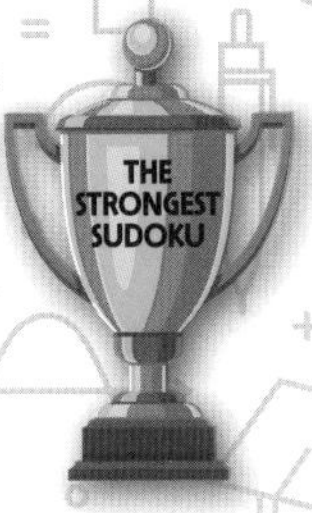

	5			1			8	
8					4	9		
			7					2
		8					3	
9					5		7	
	1			2				4
	2						1	
4			3	8		5		
		7			9			

Date.

Time.

029

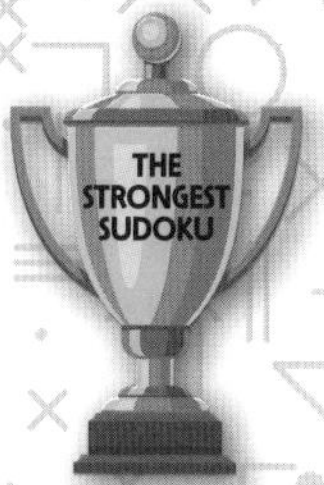

4		2				1		
	6			9				
					8		7	
7			8					2
1					5			9
	5		1					
				4			9	
		6				5		8

Date.

Time.

030

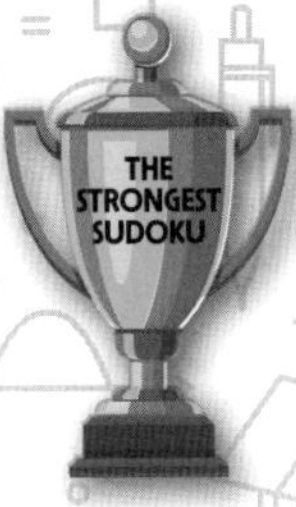

	2					6		
5		8			4		1	
	3					7		
				6				
1			2		5			3
				8				
		5					7	
	8		3			2		4
		6					5	

Date.

Time.

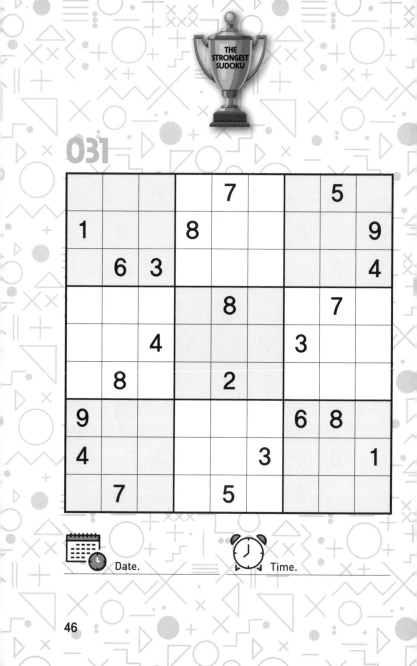

031

				7			5	
1			8					9
	6	3						4
				8			7	
		4				3		
	8			2				
9						6	8	
4					3			1
	7			5				

Date.

Time.

THE STRONGEST SUDOKU

032

		7				5		
		2		6		9		
6	5						2	4
			1		2			
	3			9			7	
			8		7			
4	7						5	1
		1		8		2		
		9				8		

Date.

Time.

033

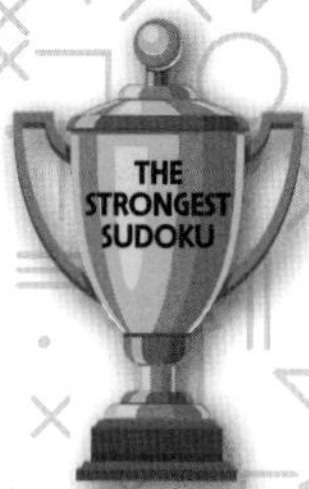

		8	5					
				3				
		7			1	4		9
		6						3
	2			6			5	
3						2		
5		1	7			6		
				8				
					6	1		

Date.

Time.

034

				1				
			5		2			
	9		3		4		5	
	4			7			8	
		6				9		
			4		5			
	2						4	
6			1		7			8
1				8				7

Date.

Time.

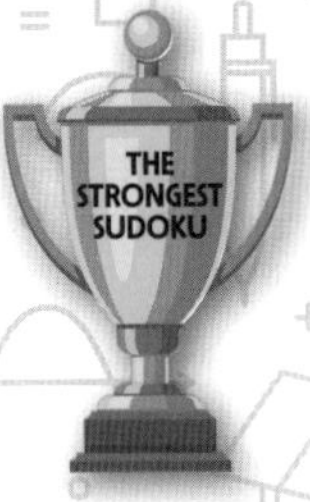

035

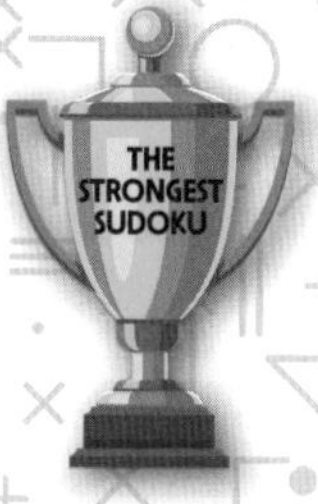

			6					
					7		8	
		7	5	4				
	5				1	6		
	2			7			4	
		1	8				9	
				2	4	5		
	6		9					
					3			

Date.

Time.

036

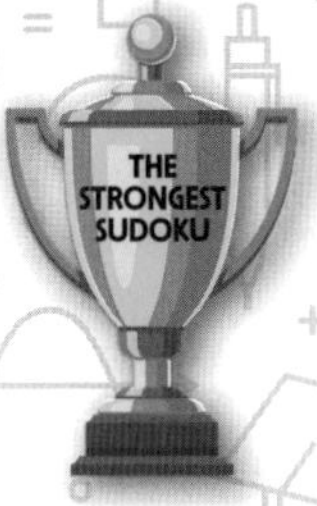

	4				2			
			5			8		2
	6	8				3		
6							9	
				6				
	3							8
		7				9	2	
9		5			7			
			8				4	

Date.

Time.

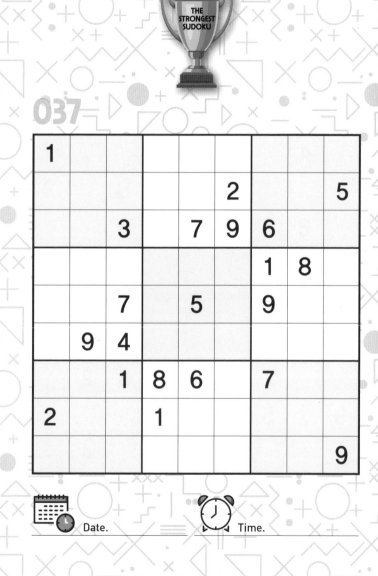

THE STRONGEST SUDOKU

037

1								
					2			5
		3		7	9	6		
						1	8	
		7		5		9		
	9	4						
		1	8	6		7		
2			1					
								9

Date.

Time.

038

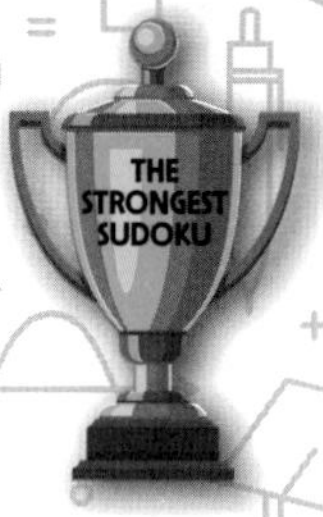

1					3		7	
		7	8				2	
	4			5				6
		6	4					9
	3						6	
4					8	1		
3				1			8	
	7				4	2		
	8		2					5

Date.

Time.

039

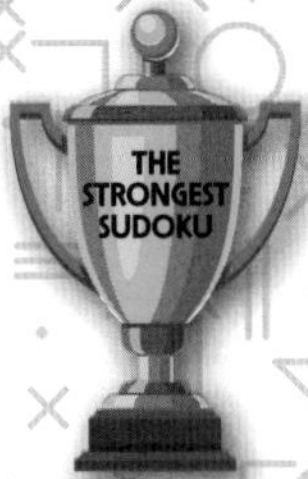

8					1			
		1			9			
		3				5	4	
	3		7					2
2				1				6
4					2		7	
	6	5				9		
			5			1		
			4					8

Date. ____________ Time. ____________

040

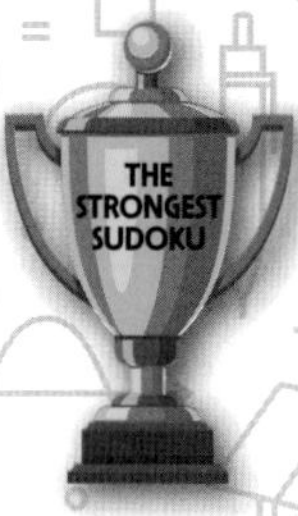

				2			4	
			8			6		
		3			7			
	7		3			1		
6				5			9	
		8			4			2
	5		6			3		
2				9			7	
					1			8

Date.

Time.

041

	4							8
9		2						
	6			9	5			
				4		5		
		8	9		2	6		
		3		8				
			3	2			7	
						9		5
6							3	

Date.

Time.

042

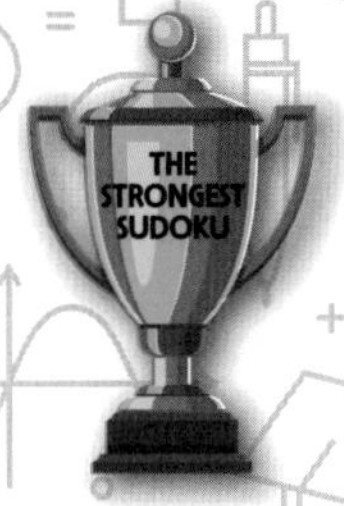

		3	7		6	1		
	5	4				2	3	
	6			2			4	
			4		8			
	3			6			1	
	7	6				8	9	
		5	2		4	7		

Date.

Time.

043

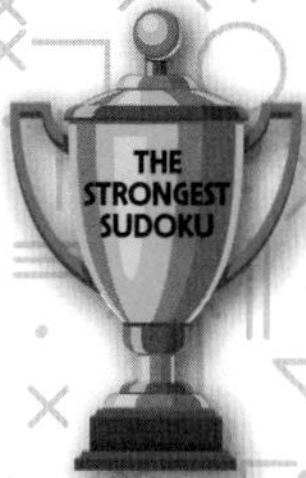

			1					9
		6		5				
8					4		6	
		4						3
	6		9		3		1	
5						7		
	1		3					7
				6		3		
9					2			

Date.

Time.

044

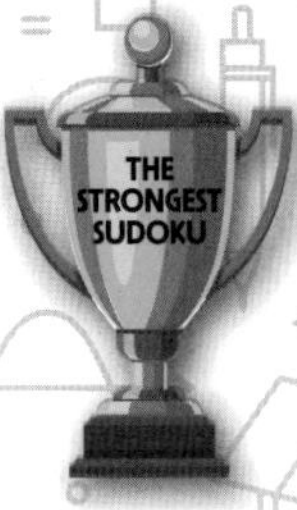

				1		7	8	
			2					9
			3			2		1
	2	9					6	
1								4
	4					8	3	
5		1			7			
4					8			
	3	2		9				

Date.

Time.

045

	2							
1		4		3				
	3		6		1		8	
				4		9		1
	6						2	
9		1		2				
	4		3		2		5	
				1		7		4
							6	

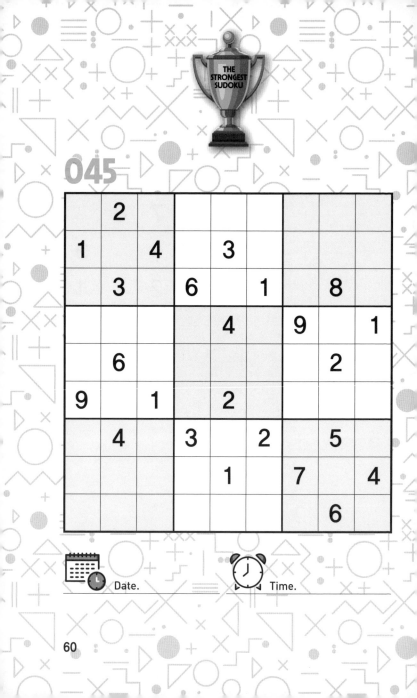

Date.　　　　Time.

046

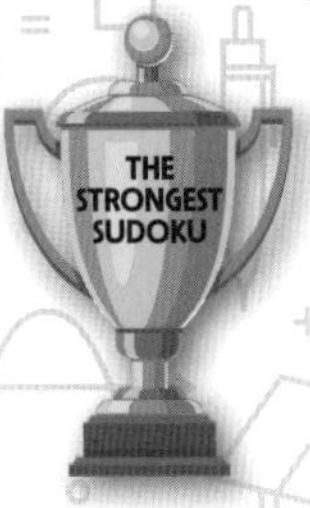

					8		3	
4				3		1		
	9				5			
1		9			4			
	5						1	
			2			6		7
			6				9	
		7		4				6
	1		9					

Date.

Time.

047

1			7			6		
	3			2				7
		9					1	
2					1			
	7						5	
			4					8
	6					4		
4				7			9	
		3			9			5

Date.

Time.

THE
STRONGEST
SUDOKU

048

					6			
	4					9	6	
	9	7		3		1		
7					5			
		8		4		2		
			8					9
		2		7		3	4	
	6	5					7	
			3					

Date.

Time.

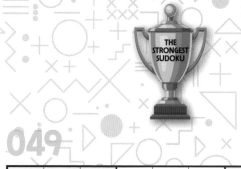

049

			2					5
	4				9			3
		3					4	
1					8	4		
	8			1			9	
		2	9					6
	1					7		
7			3				8	
5					6			

Date.

Time.

050

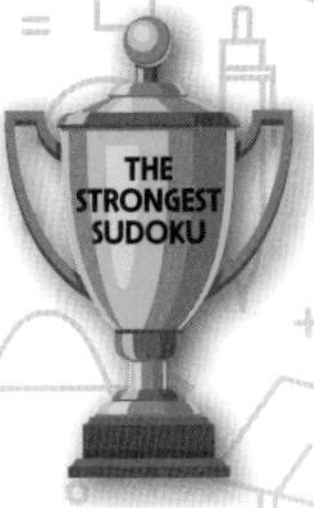

	1		2					5
		3				6		
8				9			4	
	2				4			
		9		1		7		
			6				2	
	5			6				3
		4				8		
3					8		9	

Date.

Time.

051

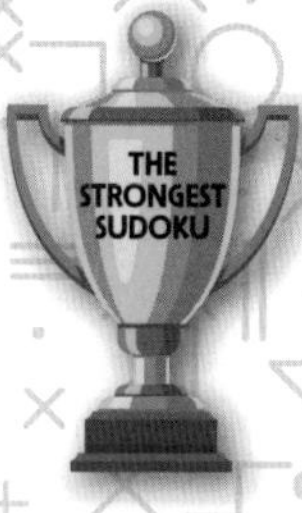

		7	3			8		
	1			2			6	
					1			
7		3				5		8
6		8				3		7
			2					
	2			5			4	
		1			3	9		

Date.

Time.

052

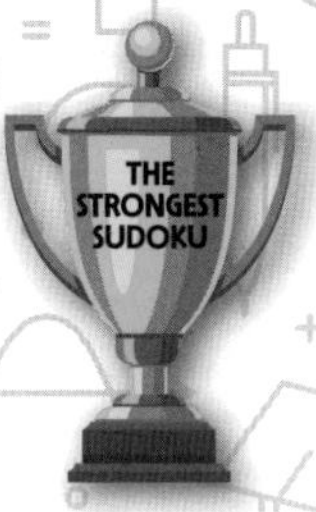

7				9				4
	8				6		5	
		3				1		
	6				3			
4				2				7
			7				2	
		2				6		
	5		1				8	
9				4				3

Date.

Time.

053

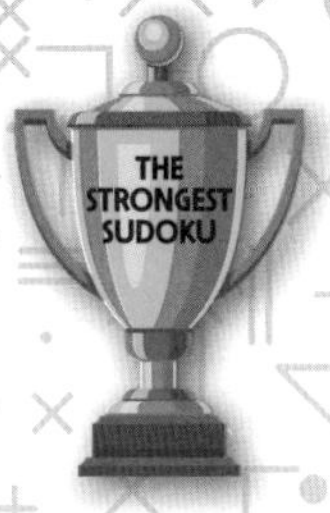

		1					8	
	2			7				5
6			8			3		
		6			1			
	3			2			4	
			7			1		
		3			5			8
5				3			9	
	7					2		

Date.

Time.

054

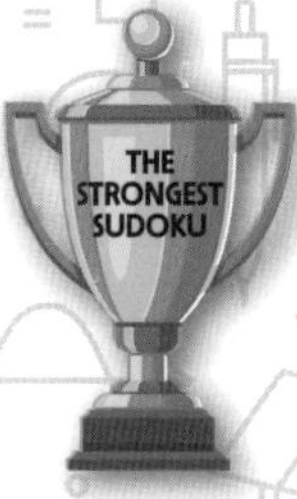

7								1
	6		2				8	
		5		8		4		
	2				1			
		1				6		
			7				1	
		3		6		9		
	1				5		6	
9								5

Date.

Time.

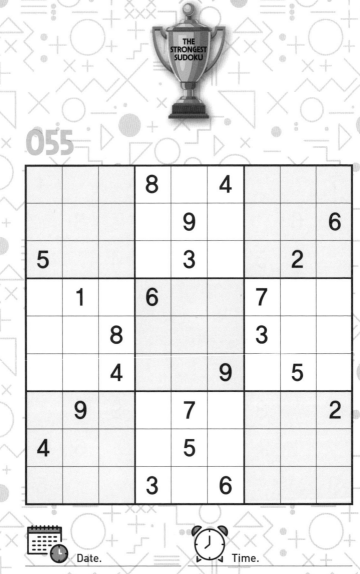

055

			8		4			
				9				6
5				3			2	
	1		6			7		
		8				3		
		4			9		5	
	9			7				2
4				5				
			3		6			

Date.

Time.

056

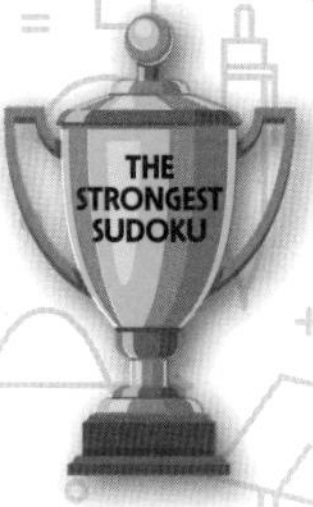

	2							
5		7				8		
			4		6		7	
6				8				2
	5						9	
2				7				3
	4		7		3			
		9				7		6
							1	

Date.

Time.

057

4			3			5		
		1			2			3
	2			1			4	
	8					9		
9								4
		5					3	
	9			7			6	
8			6			7		
		2			3			5

 Date.

 Time.

058

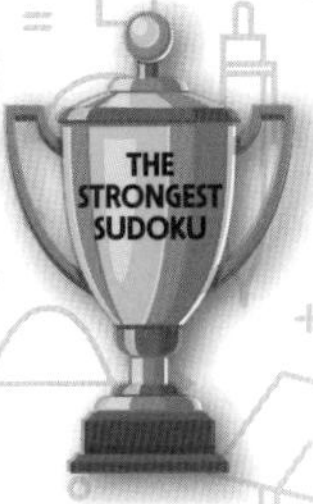

		1	8					
	8			3		6	4	
	7			2				9
		6	9					8
	3						6	
4					5	7		
6				9			2	
	5	2		6			8	
					1	3		

Date.

Time.

059

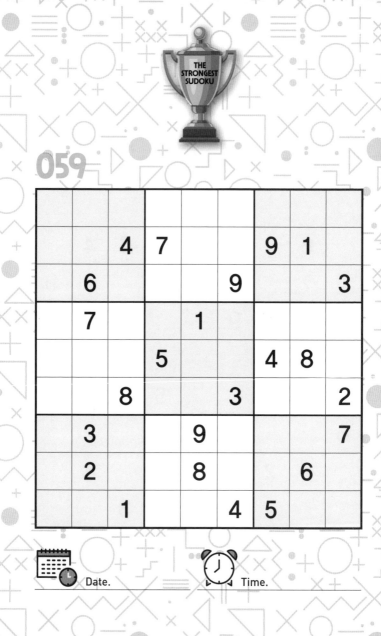

		4	7			9	1	
	6				9			3
	7			1				
			5			4	8	
		8			3			2
	3			9				7
	2			8			6	
		1			4	5		

Date.

Time.

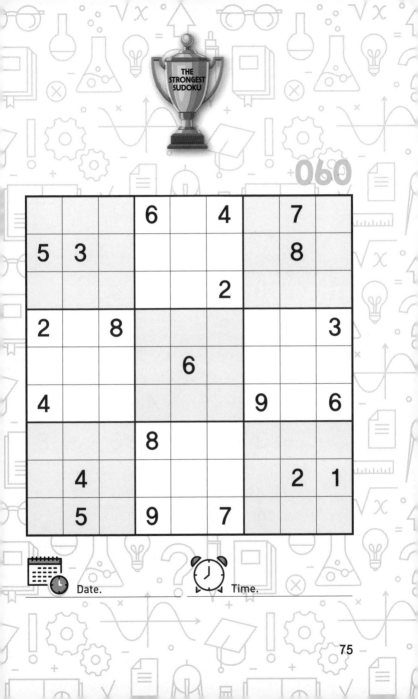

060

			6		4		7	
5	3						8	
					2			
2		8						3
				6				
4						9		6
			8					
	4						2	1
	5		9		7			

Date.

Time.

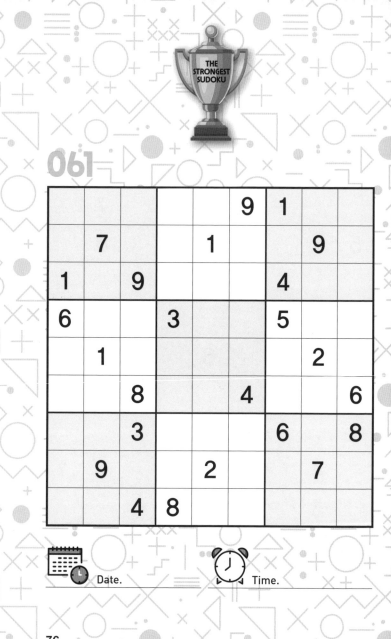

061

					9	1		
	7			1			9	
1		9				4		
6			3			5		
	1						2	
		8			4			6
		3				6		8
	9			2			7	
		4	8					

Date.

Time.

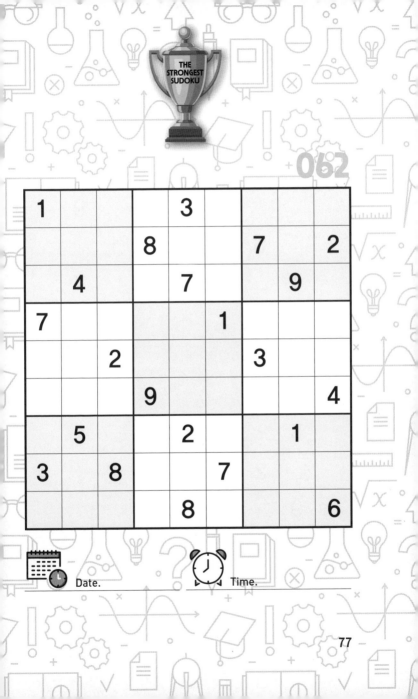

062

1				3				
			8			7		2
	4			7			9	
7					1			
		2				3		
			9					4
	5			2			1	
3		8			7			
				8				6

Date.

Time.

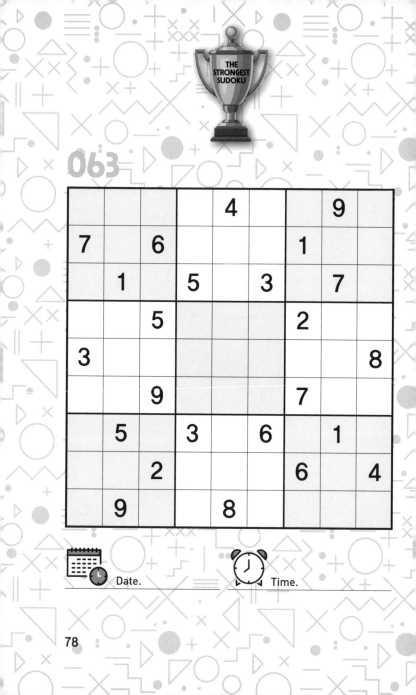

063

				4			9	
7		6				1		
	1		5		3		7	
		5				2		
3								8
		9				7		
	5		3		6		1	
		2				6		4
	9			8				

Date.

Time.

064

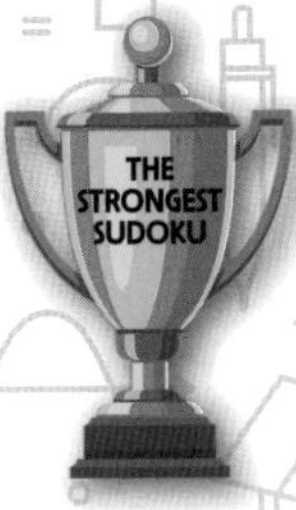

		1		4				
	9	7	8				6	
							5	7
			9		7		2	
2				8				3
	7		2		3			
9	2							
	8				2	5	7	
				3		1		

Date.

Time.

065

1	2				3	5		
		7					2	
		3		4				1
					4			2
	8						7	
9			6					
5				6		8		
	3					9		
		8	7				5	6

Date.

Time.

066

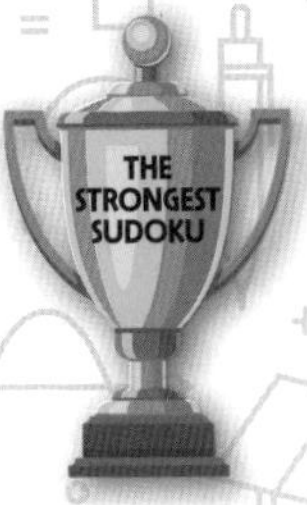

		4	8				9	
		7	5			8		
					9			
		3	4					9
	2			5			8	
1					6	7		
			2					
		8			4	9		
	7				1	6		

Date. Time.

THE
STRONGEST
SUDOKU

067

	9				8	2		
	1							
				1			4	
5				7			8	
		4	8		1	7		
	3			4				6
	7			9				
							3	
		6	4				5	

Date.

Time.

068

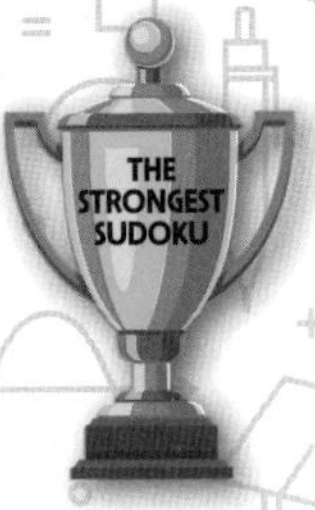

		1	7					
	2			8				
5					1	4		
8			2				3	
4				1				2
	7				3			6
		6	1					7
				5			2	
					4	8		

Date.

Time.

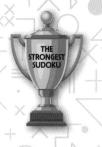

069

			7				6	
		2			6			9
	5		4					
2		1		6			4	
			8		2			
	9			4		2		5
					7		8	
5			9			1		
	3				4			

Date.

Time.

070

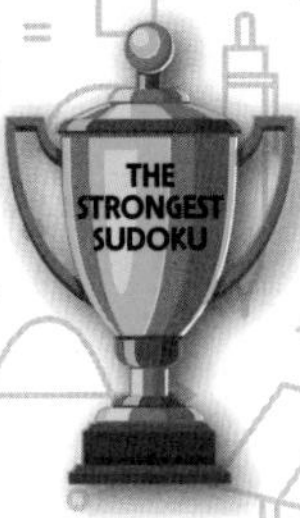

		3	8					1
					7		2	
6				9		7		
5			6		2		8	
		6				5		
	2		1					3
		1		8				6
	7		4					
9					3	2		

Date.

Time.

071

	1		4					5
		3					9	
6					5	3		
1			2			8		
	4						7	
		9			3			1
		8	6					3
	5					1		
9					7		4	

Date. Time.

072

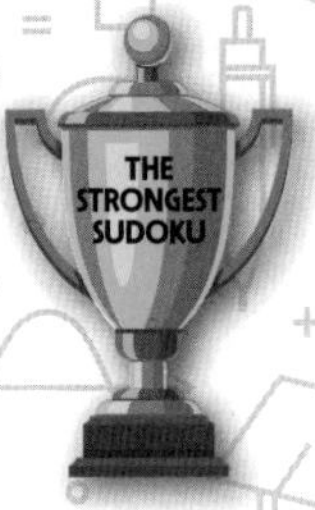

	4						8	
		7				2		
6			5		7			9
	9						3	
			3		6			
	5						4	
9			4		2			1
		4				8		
	8						7	

Date.

Time.

073

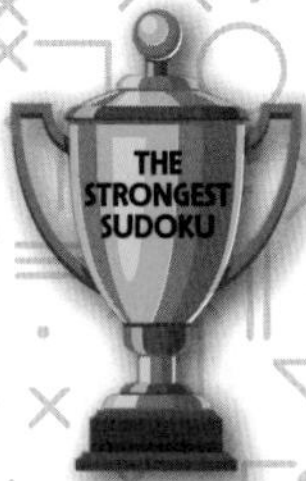

	6				3			1
	2				7			3
3					5			2
						3	4	
	9	4						
2			8					6
7			6				5	
1			9				8	

Date.

Time.

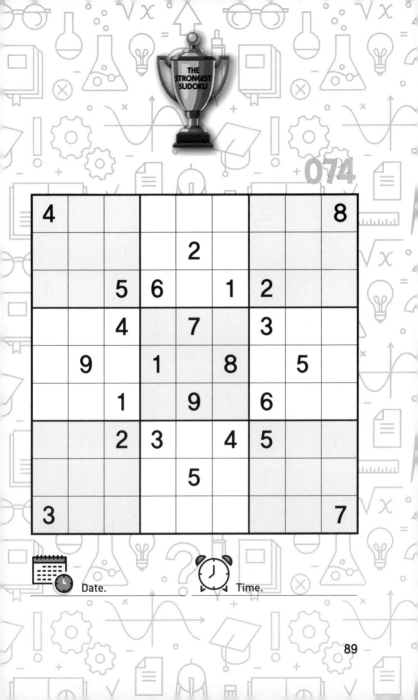

074

4								8
				2				
		5	6		1	2		
		4		7		3		
	9		1		8		5	
		1		9		6		
		2	3		4	5		
				5				
3								7

Date.

Time.

075

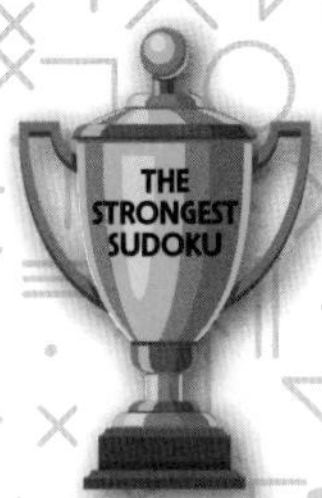

		2			6			
			1			6		
	8			5				4
1					3		2	
		6		2		3		
	9		7					1
5				9			3	
		1			5			
			8			9		

Date.

Time.

076

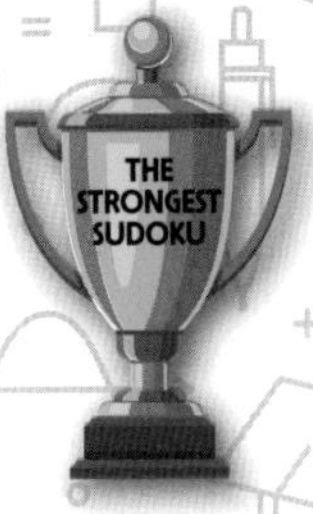

		1		5				
		6	8	4				
							4	2
			5				9	
7	4						6	3
	1				6			
3	9							
				1	7	5		
				8		2		

Date.

Time.

077

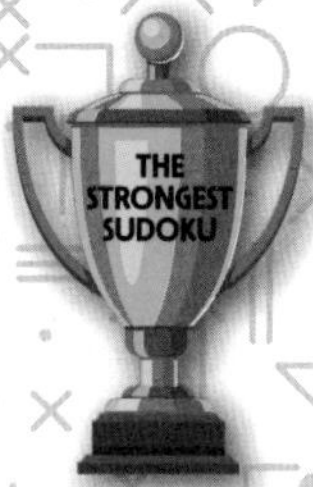

	6		9		4		3	
8								1
			5		6			
	2						5	
		4				7		
	8						2	
			7		3			
9								6
	5		2		9		4	

Date. ____________ Time. ____________

THE STRONGEST SUDOKU

078

		1				3		
	2		9		1		6	
7								2
		9		3				
			7		8			
				5		9		
8								5
	4		8		2		1	
		3				2		

Date.

Time.

079

	1			7			8	
		5				3		
9			2		6			4
	8						6	
		4				5		
7			9		3			1
	6						7	
		3		5		9		
			8		4			

Date.

Time.

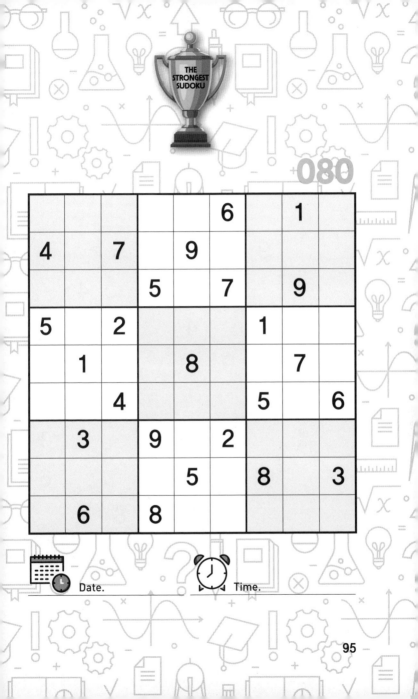

080

					6		1	
4		7		9				
		5		7		9		
5		2				1		
	1			8			7	
		4				5		6
	3		9		2			
				5		8		3
	6		8					

Date. Time.

95

081

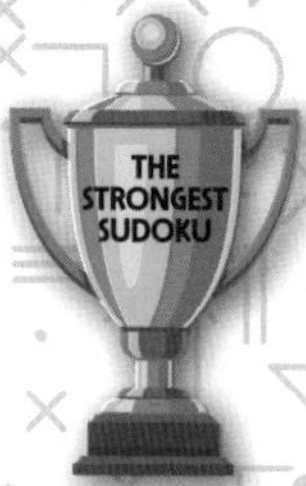

		9	8			5		
	7			6	3		4	
	5			4				1
		3	9					
		6				7	2	
	1				2			3
		4			5			6
			7			8	9	

Date.

Time.

082

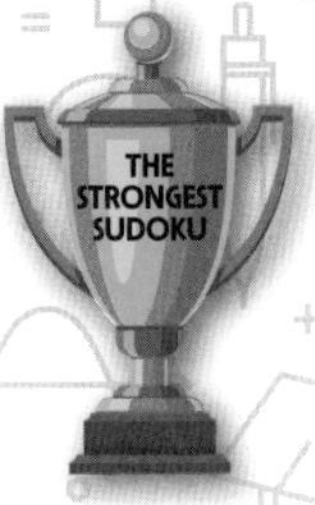

		4	3					
	8			2		9	5	
	9				8			1
		1						7
	3						6	
5						3		
7			5				8	
	6	3		8			2	
					9	4		

Date.

Time.

083

				8		6		7
		4						
	5				2		3	
	6		1			4		
7				2				8
		9			3		5	
	8		6				2	
						9		
3		7		5				

 Date.

 Time.

084

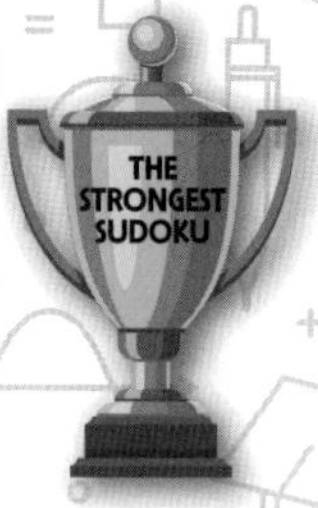

		9	2	4				
	5							4
	1		9					
	9				8	6		7
		4				1		
8		2	3				4	
					5		7	
5							8	
				6	4	5		

Date.

Time.

085

		4	9				8	
	5			2		1		
6					5			4
9		8					3	
			2		3			
	1					6		7
5			6					3
		7		4			5	
	2				7	9		

 Date.

 Time.

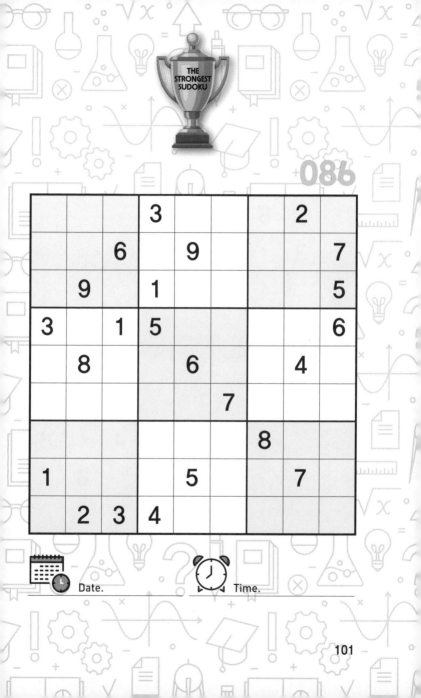

086

			3				2	
		6		9				7
	9		1					5
3		1	5					6
	8			6			4	
					7			
						8		
1				5			7	
	2	3	4					

Date.

Time.

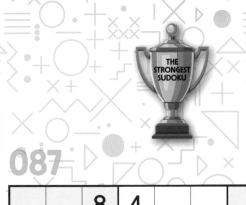

087

		8	4					
	3			1				
1		4	3	2				
2		5						
	7	6				2	1	
						3		5
				6	5	4		8
				7			6	
					9	7		

Date.

Time.

088

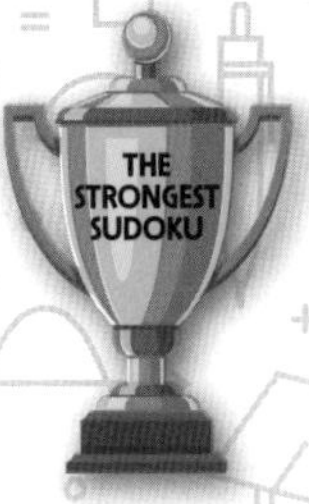

				3	8			
		5					7	
6		2		4			5	
4								
		3	1		2	6		
								9
	6			8		4		7
	8					5		
			2	5				

Date.

Time.

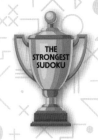

089

		5	7				4	
	1							6
3				8	9			
8			5			3		
		6				1		
		7			4			9
			3	2				7
4							5	
	9				6	8		

Date.

Time.

090

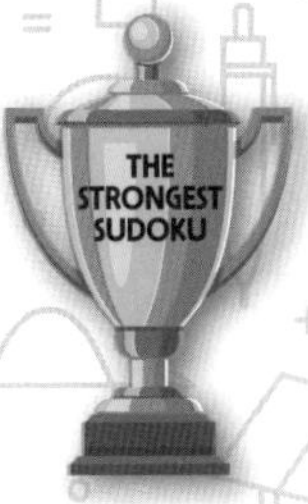

	2		9			5		
8				4				3
		1					8	
	1				8			6
		3		6		9		
6			5				1	
	9					3		
4				2				8
		5			4		2	

Date.

Time.

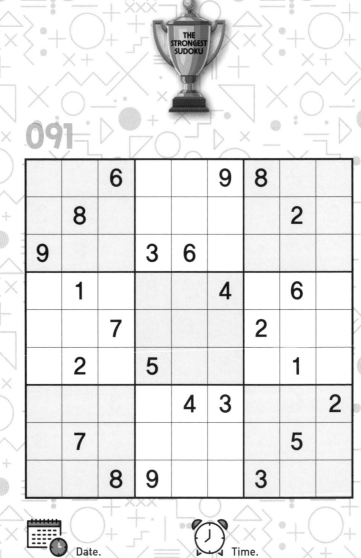

091

		6			9	8		
	8						2	
9			3	6				
	1				4		6	
		7				2		
	2		5				1	
				4	3			2
	7						5	
		8	9			3		

Date.

Time.

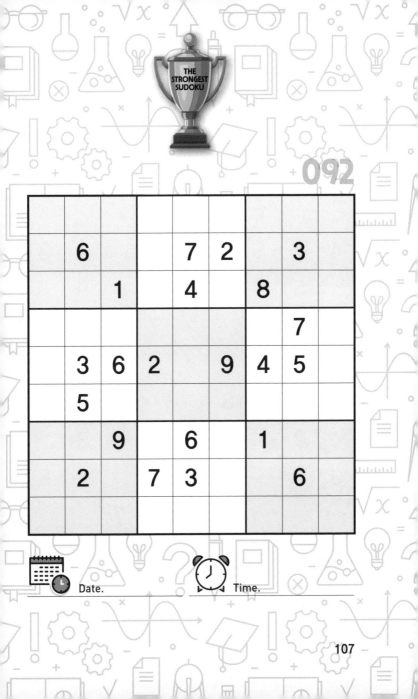

092

	6			7	2		3	
		1		4		8		
							7	
	3	6	2		9	4	5	
	5							
		9		6		1		
	2		7	3			6	

Date.

Time.

093

		1	7					
4			8		5			3
	5						9	
					7		5	
		6		4		9		
	8		3					
	2						3	
3			6		2			8
					4	7		

 Date.

 Time.

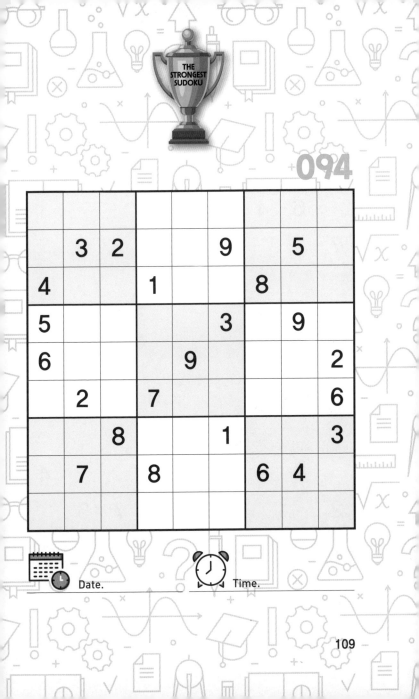

THE
STRONGEST
SUDOKU

094

	3	2			9		5	
4			1			8		
5					3		9	
6				9				2
	2		7					6
		8			1			3
	7		8			6	4	

Date.

Time.

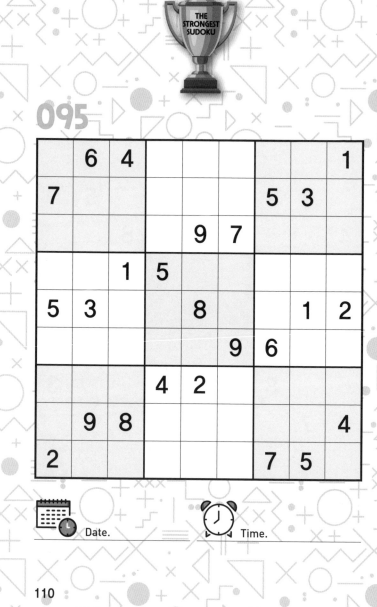

095

	6	4						1
7						5	3	
				9	7			
		1	5					
5	3			8			1	2
					9	6		
			4	2				
	9	8						4
2						7	5	

Date.

Time.

THE STRONGEST SUDOKU

096

1					4	6		
		8						9
		2			8			3
					3			
9	5						6	4
			8					
6			5			3		
4						9		
		9	2					1

Date.

Time.

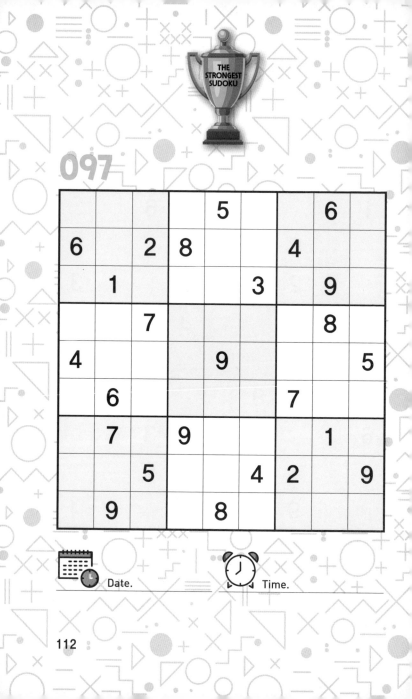

097

				5			6	
6		2	8			4		
	1				3		9	
		7					8	
4				9				5
	6					7		
	7		9				1	
		5			4	2		9
	9			8				

Date.

Time.

098

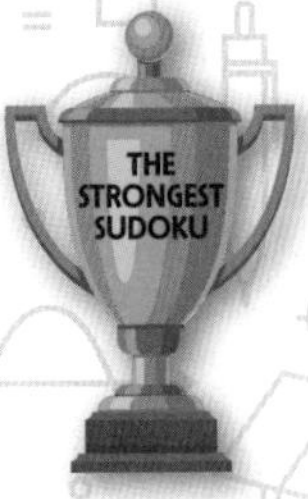

4		5						
					2	1	3	
9					4		7	
					8	9	5	
	6	1	7					
	4		3					7
	2	6	8					
						6		1

Date.

Time.

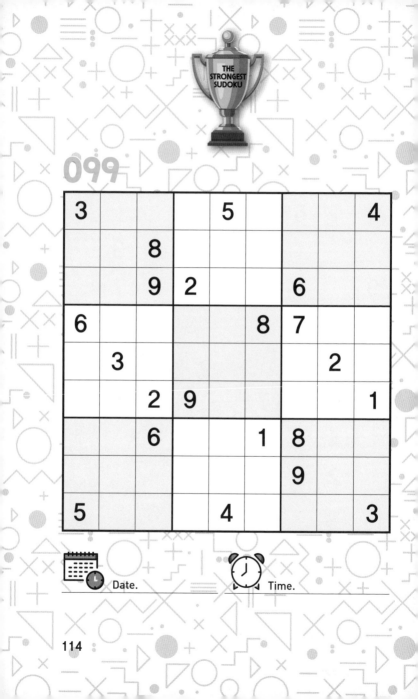

099

3				5				4
		8						
		9	2			6		
6					8	7		
	3						2	
		2	9					1
		6			1	8		
						9		
5				4				3

Date. _____ Time. _____

114

100

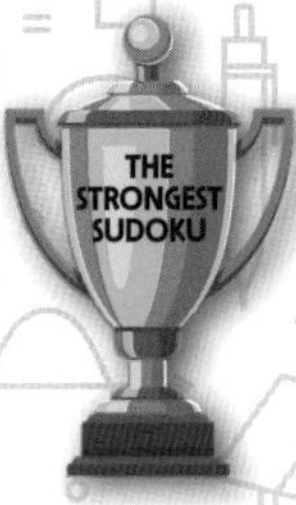

	5		4					1
		3			8			
		2		6		8		
					6		3	
9								4
	7		9					
		6		9		2		
			7			6		
1					5		8	

Date.

Time.

THE
STRONGEST
SUDOKU

101

3				2				9
	4						1	
6				7				3
			5		9			
		8				6		
	1						2	
2				9				5
			6		7			
9				4				8

 Date.

 Time.

102

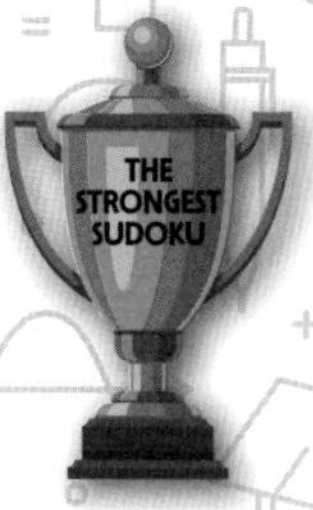

					2		3	
		8	1			2		
	5			9				4
7					5		8	
		2		3		6		
	9		4					1
1				8			9	
		6			3	7		
	4		2					

Date.

Time.

THE
STRONGEST
SUDOKU

103

	7				5	4		
	9			8			7	1
4				1				
8								
	1	3		9		5	8	
								2
				3				9
3	8			5			4	
		6	9				3	

Date.

Time.

104

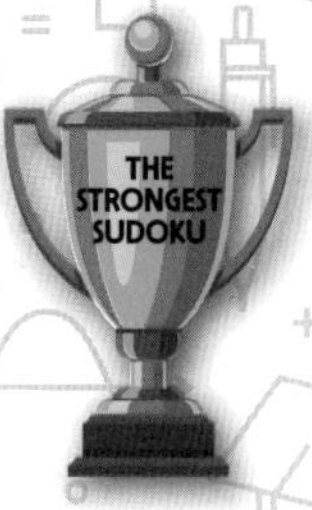

			8			9		
	5	2		9			3	
4					7		5	
		3	6					4
	7						8	
1					4	2		
	4		5					1
	8			3		6	7	
		6			2			

Date.

Time.

105

1			8			4		
		5			2			
	6			9				3
2			4				1	
		3		7		9		
	7				6			5
4				5			7	
			3			6		
		9			1			2

Date.

Time.

106

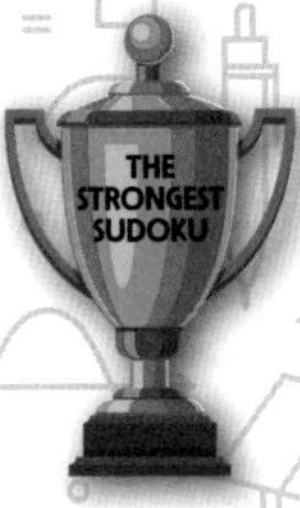

	6							
	3			4			2	9
			9		2			
		4		8		1		
	7		5		1		9	
		1		9		8		
			1		7			
5	8			2			6	
							3	

Date.

Time.

107

	7			2				
2			8			5		
		9					3	
		2			4			7
8				3				1
1			7			3		
	8					6		
		6			9			4
				7			1	

Date.

Time.

108

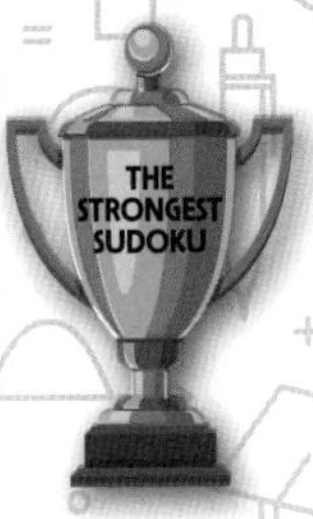

8		5		7				2
	3				4		6	
			9					8
	7			1		9		
			4		2			
		9		3			8	
5					1			
	9		7				4	
2				5		3		6

Date.

Time.

109

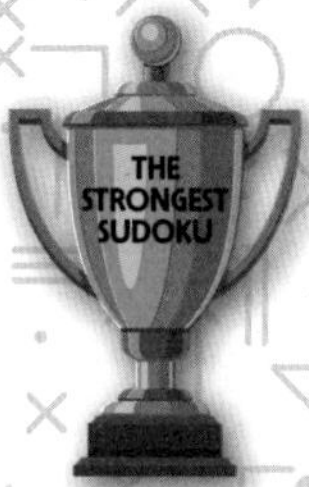

	9	6				2		
					4		6	
8			5					3
6		1					2	
				7				
	3					9		7
4					5			8
	1		3					
		2				5	9	

Date.

Time.

110

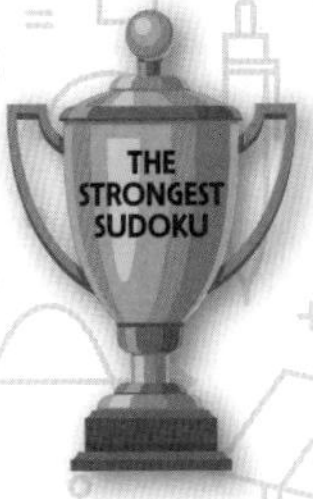

		2	6			7	8	
7			9		8			
1								9
	5						4	2
				1				
4	2						1	
2								3
			7		3			4
	3	9			5	6		

Date.

Time.

111

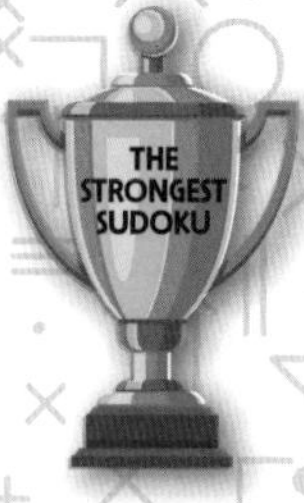

					1		2	
2				5		8		
	9		4					
6					9	4		
	5						1	
		8	1					5
					7		8	
		5		2				6
	4		9					

Date. ____________ Time. ____________

112

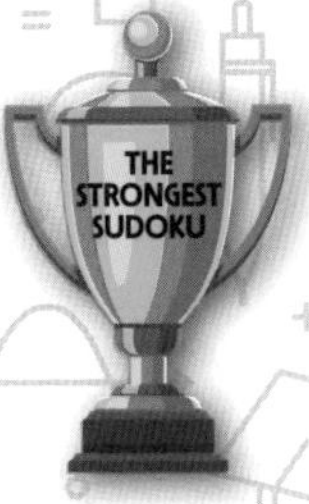

3						1		
	8			4			5	
		2			5			9
9			7					
	4			8			6	
					9			1
6			8			7		
	5			3			4	
		8						2

Date.

Time.

113

	6						2	
4		8						9
	2			8	3			
			5			7		
		9				5		
		3			7			
			1	4			9	
7						3		4
	8						6	

 Date.

 Time.

114

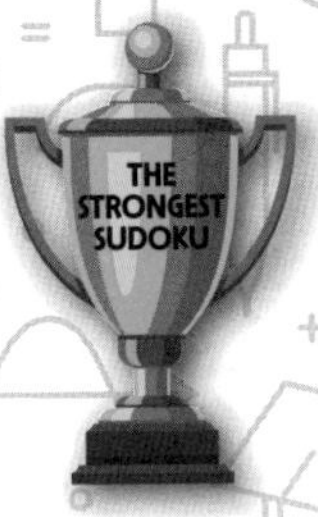

3				5			1	
					2			7
		9	1			3		
		1	6				7	
5								2
	7				1	8		
		4			7	9		
8			3					
	9			2				4

Date.

Time.

115

	8		3	5			7	
9							2	5
					4			
5			8	3		7	9	
1			5					
		6						4
			1			2	6	
6	1		7			5		
	3				5			

 Date.

 Time.

116

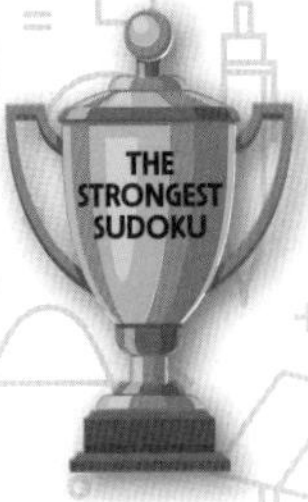

		2	6					
3					4			8
	5			7			2	
		6	8				1	
2								4
	1				7	3		
	9			3			5	
8			4					6
					5	9		

Date.

Time.

117

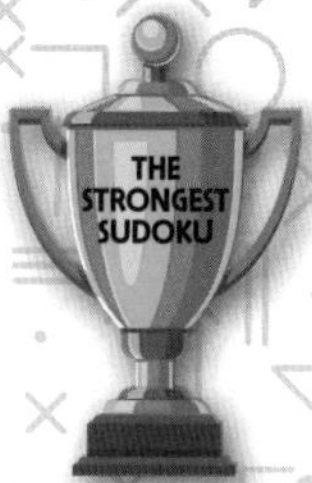

		3			2	4		
	2			7			6	
4			9					7
3						8		
	6						7	4
		8						3
9					6			8
	7			1			5	
		2	4			9		

Date.

Time.

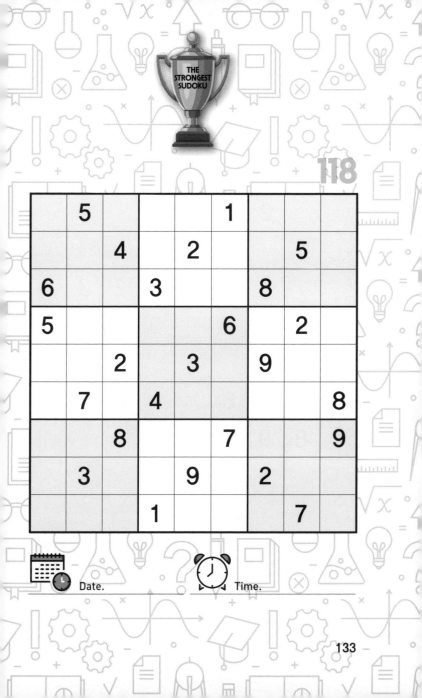

118

	5				1			
		4		2			5	
6			3			8		
5					6		2	
		2		3		9		
	7		4					8
		8			7			9
	3			9		2		
			1				7	

Date.

Time.

119

		2	3					
	1			4				
			5			2	3	
		6			9			2
	4			7			1	
7			6			3		
	8	9			1			
				8			7	
					6	5		

  Date. Time.

THE
STRONGEST
SUDOKU

120

			2		4			
		8			5			
		2				3	7	
3	5		6					9
7					1		8	5
	4	9				1		
			1			6		
			7		2			

Date.

Time.

THE STRONGEST SUDOKU

Answer

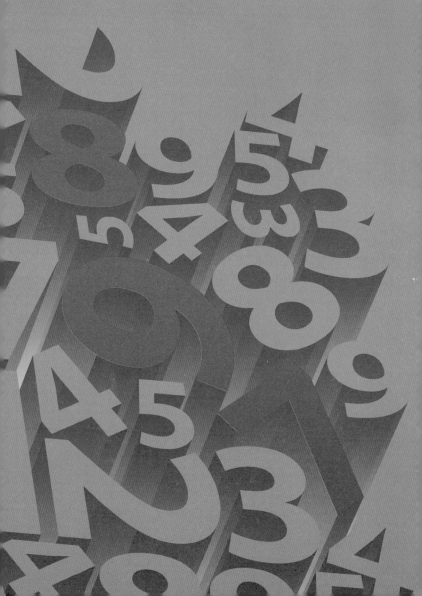

THE STRONGEST SUDOKU

001

6	5	9	3	2	1	7	4	8
3	8	2	7	4	5	9	6	1
4	1	7	9	8	6	3	2	5
8	9	5	1	6	3	2	7	4
2	6	3	4	7	8	1	5	9
7	4	1	5	9	2	8	3	6
1	3	6	2	5	9	4	8	7
9	7	8	6	3	4	5	1	2
5	2	4	8	1	7	6	9	3

002

1	6	4	9	2	7	8	3	5
3	7	5	1	4	8	6	2	9
8	9	2	6	3	5	4	1	7
5	4	7	8	6	1	2	9	3
2	8	1	3	7	9	5	4	6
9	3	6	2	5	4	7	8	1
7	5	3	4	1	2	9	6	8
6	2	8	5	9	3	1	7	4
4	1	9	7	8	6	3	5	2

003

2	9	8	7	1	5	6	4	3
3	1	4	6	9	2	8	7	5
5	6	7	4	3	8	9	2	1
1	4	6	2	7	3	5	8	9
8	2	9	5	4	6	3	1	7
7	5	3	1	8	9	2	6	4
4	3	5	8	2	7	1	9	6
9	7	2	3	6	1	4	5	8
6	8	1	9	5	4	7	3	2

004

2	6	7	1	4	8	3	5	9
8	3	5	7	6	9	4	1	2
9	1	4	2	3	5	6	8	7
7	4	3	6	5	2	8	9	1
1	8	2	9	7	3	5	6	4
6	5	9	8	1	4	2	7	3
3	2	6	5	9	7	1	4	8
5	9	8	4	2	1	7	3	6
4	7	1	3	8	6	9	2	5

138

THE STRONGEST SUDOKU

005

9	8	5	6	3	4	7	1	2
1	6	2	7	5	9	3	8	4
4	7	3	8	2	1	6	5	9
3	2	7	4	9	5	1	6	8
8	1	9	2	6	3	4	7	5
6	5	4	1	8	7	9	2	3
5	4	1	3	7	2	8	9	6
7	9	8	5	4	6	2	3	1
2	3	6	9	1	8	5	4	7

006

4	6	1	5	9	8	2	3	7
2	3	8	1	6	7	9	4	5
5	7	9	2	3	4	6	8	1
9	5	6	8	1	3	4	7	2
3	8	2	4	7	6	1	5	9
1	4	7	9	5	2	3	6	8
7	2	4	6	8	1	5	9	3
6	9	3	7	2	5	8	1	4
8	1	5	3	4	9	7	2	6

007

1	2	5	9	4	8	6	7	3
6	9	4	2	3	7	5	1	8
7	3	8	5	6	1	4	2	9
9	7	6	8	1	5	3	4	2
3	5	1	6	2	4	9	8	7
8	4	2	7	9	3	1	6	5
5	6	9	4	8	2	7	3	1
2	1	7	3	5	6	8	9	4
4	8	3	1	7	9	2	5	6

008

3	5	2	8	4	9	7	6	1
6	9	4	3	7	1	2	8	5
1	8	7	2	5	6	4	3	9
9	7	3	5	6	2	1	4	8
2	4	6	7	1	8	5	9	3
5	1	8	4	9	3	6	2	7
7	2	5	9	3	4	8	1	6
4	3	1	6	8	7	9	5	2
8	6	9	1	2	5	3	7	4

009

8	9	3	5	7	4	1	6	2
7	5	6	3	1	2	9	4	8
4	2	1	9	6	8	5	7	3
5	7	9	8	3	1	4	2	6
2	1	8	7	4	6	3	5	9
3	6	4	2	5	9	7	8	1
6	3	7	1	8	5	2	9	4
9	8	5	4	2	3	6	1	7
1	4	2	6	9	7	8	3	5

010

6	4	3	1	5	7	2	9	8
5	1	2	3	9	8	6	4	7
7	8	9	4	2	6	3	1	5
8	7	6	5	3	1	9	2	4
9	2	1	7	8	4	5	3	6
3	5	4	2	6	9	8	7	1
4	9	5	8	1	2	7	6	3
1	6	8	9	7	3	4	5	2
2	3	7	6	4	5	1	8	9

011

6	2	8	9	3	4	5	1	7
1	9	5	2	8	7	6	4	3
3	7	4	1	6	5	9	2	8
5	4	3	8	2	6	7	9	1
7	6	9	4	1	3	2	8	5
8	1	2	5	7	9	4	3	6
4	8	1	7	5	2	3	6	9
2	3	7	6	9	1	8	5	4
9	5	6	3	4	8	1	7	2

012

1	4	5	2	8	9	6	3	7
9	6	8	3	5	7	4	2	1
2	7	3	6	1	4	9	5	8
8	9	2	1	4	5	7	6	3
4	3	1	7	6	2	5	8	9
7	5	6	8	9	3	1	4	2
5	2	4	9	7	8	3	1	6
3	1	7	5	2	6	8	9	4
6	8	9	4	3	1	2	7	5

THE STRONGEST SUDOKU

013

4	5	2	1	7	6	9	8	3
7	3	6	9	2	8	5	4	1
8	9	1	4	5	3	6	2	7
9	7	3	5	1	2	4	6	8
5	2	8	7	6	4	1	3	9
6	1	4	3	8	9	7	5	2
3	8	7	6	9	5	2	1	4
2	6	9	8	4	1	3	7	5
1	4	5	2	3	7	8	9	6

014

6	3	9	1	8	4	7	2	5
1	8	4	7	5	2	6	3	9
7	5	2	3	6	9	1	4	8
5	7	6	4	9	3	2	8	1
2	1	8	6	7	5	4	9	3
4	9	3	8	2	1	5	7	6
9	4	5	2	3	6	8	1	7
8	6	1	9	4	7	3	5	2
3	2	7	5	1	8	9	6	4

015

7	2	1	3	4	9	8	5	6
9	6	5	2	8	1	7	4	3
8	3	4	7	5	6	9	1	2
6	4	3	5	1	7	2	8	9
1	9	2	8	6	4	5	3	7
5	8	7	9	3	2	4	6	1
4	5	9	1	7	3	6	2	8
2	1	8	6	9	5	3	7	4
3	7	6	4	2	8	1	9	5

016

1	3	8	4	2	6	5	7	9
5	2	7	1	9	8	6	4	3
6	9	4	3	5	7	1	8	2
7	8	1	6	4	2	9	3	5
3	6	9	7	8	5	2	1	4
2	4	5	9	3	1	8	6	7
4	5	2	8	1	3	7	9	6
9	1	6	5	7	4	3	2	8
8	7	3	2	6	9	4	5	1

017

8	2	9	5	3	7	6	4	1
6	3	1	8	4	9	5	2	7
7	5	4	2	1	6	3	9	8
1	4	7	9	8	3	2	6	5
3	9	2	6	5	1	8	7	4
5	8	6	4	7	2	1	3	9
9	1	5	3	6	4	7	8	2
4	6	8	7	2	5	9	1	3
2	7	3	1	9	8	4	5	6

018

1	4	5	7	8	9	3	6	2
3	7	2	6	5	4	1	9	8
6	9	8	1	3	2	5	7	4
4	2	1	9	6	5	7	8	3
9	8	6	3	7	1	2	4	5
5	3	7	2	4	8	9	1	6
8	1	9	5	2	6	4	3	7
7	5	4	8	9	3	6	2	1
2	6	3	4	1	7	8	5	9

019

1	3	2	5	7	8	4	9	6
5	6	7	9	4	1	3	2	8
4	8	9	2	6	3	7	1	5
9	4	6	3	8	2	5	7	1
2	7	8	6	1	5	9	3	4
3	5	1	4	9	7	6	8	2
6	2	3	1	5	9	8	4	7
7	9	5	8	2	4	1	6	3
8	1	4	7	3	6	2	5	9

020

6	2	7	3	8	9	1	5	4
5	4	8	2	6	1	3	9	7
3	9	1	5	4	7	2	6	8
9	3	5	6	7	8	4	2	1
8	6	2	1	5	4	7	3	9
7	1	4	9	3	2	6	8	5
4	7	3	8	9	6	5	1	2
1	5	9	7	2	3	8	4	6
2	8	6	4	1	5	9	7	3

021

9	1	6	4	7	8	2	5	3
4	7	3	2	5	1	8	6	9
8	2	5	9	6	3	1	4	7
3	4	1	8	9	2	5	7	6
5	9	8	7	4	6	3	2	1
7	6	2	3	1	5	4	9	8
1	5	7	6	8	4	9	3	2
6	3	4	1	2	9	7	8	5
2	8	9	5	3	7	6	1	4

022

1	6	5	7	3	2	8	4	9
9	4	7	8	1	6	2	5	3
3	2	8	9	5	4	1	7	6
6	7	4	5	8	9	3	2	1
8	3	1	2	4	7	6	9	5
5	9	2	1	6	3	7	8	4
4	8	3	6	7	5	9	1	2
2	1	6	4	9	8	5	3	7
7	5	9	3	2	1	4	6	8

023

8	7	2	1	5	4	3	9	6
5	9	3	8	2	6	7	4	1
6	4	1	3	9	7	2	8	5
1	3	5	6	4	9	8	7	2
9	6	8	2	7	3	5	1	4
4	2	7	5	8	1	9	6	3
2	1	9	4	3	8	6	5	7
3	8	4	7	6	5	1	2	9
7	5	6	9	1	2	4	3	8

024

1	2	7	5	8	4	6	3	9
3	4	9	6	7	1	2	8	5
6	8	5	9	3	2	7	4	1
5	3	2	4	9	6	8	1	7
8	6	1	7	5	3	9	2	4
9	7	4	2	1	8	5	6	3
7	1	6	3	2	5	4	9	8
4	9	8	1	6	7	3	5	2
2	5	3	8	4	9	1	7	6

025

8	2	5	4	9	3	7	6	1
3	4	7	6	8	1	5	9	2
1	9	6	7	2	5	3	8	4
9	7	3	2	6	8	1	4	5
2	1	8	3	5	4	9	7	6
5	6	4	9	1	7	2	3	8
6	5	9	8	7	2	4	1	3
7	3	1	5	4	6	8	2	9
4	8	2	1	3	9	6	5	7

026

8	7	9	1	2	6	4	5	3
5	3	2	4	8	9	7	6	1
4	1	6	5	3	7	9	8	2
1	9	3	8	6	5	2	7	4
6	2	4	7	1	3	5	9	8
7	8	5	2	9	4	3	1	6
3	6	7	9	4	1	8	2	5
2	5	1	3	7	8	6	4	9
9	4	8	6	5	2	1	3	7

027

4	8	1	3	5	9	2	7	6
3	2	5	7	6	4	1	8	9
7	6	9	1	8	2	5	3	4
9	3	8	5	2	6	7	4	1
5	4	7	8	1	3	9	6	2
2	1	6	4	9	7	3	5	8
6	5	4	9	7	1	8	2	3
8	9	3	2	4	5	6	1	7
1	7	2	6	3	8	4	9	5

028

6	5	4	9	1	2	7	8	3
8	7	2	5	3	4	9	6	1
3	9	1	7	6	8	4	5	2
2	4	8	6	9	7	1	3	5
9	3	6	1	4	5	2	7	8
7	1	5	8	2	3	6	9	4
5	2	3	4	7	6	8	1	9
4	6	9	3	8	1	5	2	7
1	8	7	2	5	9	3	4	6

THE STRONGEST SUDOKU

029

4	9	2	7	5	3	1	8	6
8	6	7	4	9	1	2	3	5
5	3	1	6	2	8	9	7	4
7	4	5	8	6	9	3	1	2
6	2	9	3	1	4	8	5	7
1	8	3	2	7	5	4	6	9
9	5	4	1	8	6	7	2	3
3	7	8	5	4	2	6	9	1
2	1	6	9	3	7	5	4	8

030

9	2	4	7	1	8	6	3	5
5	7	8	6	3	4	9	1	2
6	3	1	5	2	9	7	4	8
8	5	2	4	6	3	1	9	7
1	6	7	2	9	5	4	8	3
4	9	3	1	8	7	5	2	6
2	1	5	8	4	6	3	7	9
7	8	9	3	5	1	2	6	4
3	4	6	9	7	2	8	5	1

031

2	4	9	1	7	6	8	5	3
1	5	7	8	3	4	2	6	9
8	6	3	5	9	2	7	1	4
3	1	2	4	8	5	9	7	6
5	9	4	6	1	7	3	2	8
7	8	6	3	2	9	1	4	5
9	3	5	2	4	1	6	8	7
4	2	8	7	6	3	5	9	1
6	7	1	9	5	8	4	3	2

032

9	8	7	2	4	3	5	1	6
1	4	2	7	6	5	9	3	8
6	5	3	9	1	8	7	2	4
7	9	6	1	3	2	4	8	5
8	3	5	4	9	6	1	7	2
2	1	4	8	5	7	3	6	9
4	7	8	3	2	9	6	5	1
3	6	1	5	8	4	2	9	7
5	2	9	6	7	1	8	4	3

033

1	3	8	5	9	4	7	2	6
9	4	2	6	3	7	5	1	8
6	5	7	8	2	1	4	3	9
8	1	6	2	7	5	9	4	3
7	2	4	3	6	9	8	5	1
3	9	5	4	1	8	2	6	7
5	8	1	7	4	3	6	9	2
4	6	9	1	8	2	3	7	5
2	7	3	9	5	6	1	8	4

034

3	6	5	7	1	8	4	9	2
4	1	8	5	9	2	6	7	3
7	9	2	3	6	4	8	5	1
2	4	1	9	7	6	3	8	5
5	7	6	8	3	1	9	2	4
9	8	3	4	2	5	7	1	6
8	2	7	6	5	3	1	4	9
6	5	9	1	4	7	2	3	8
1	3	4	2	8	9	5	6	7

035

2	8	4	6	3	9	7	5	1
5	3	6	2	1	7	9	8	4
9	1	7	5	4	8	2	3	6
7	5	3	4	9	1	6	2	8
8	2	9	3	7	6	1	4	5
6	4	1	8	5	2	3	9	7
3	7	8	1	2	4	5	6	9
1	6	2	9	8	5	4	7	3
4	9	5	7	6	3	8	1	2

036

5	4	3	6	8	2	7	1	9
7	9	1	5	4	3	8	6	2
2	6	8	9	7	1	3	5	4
6	7	2	3	1	8	4	9	5
8	5	9	7	6	4	2	3	1
1	3	4	2	9	5	6	7	8
4	8	7	1	5	6	9	2	3
9	2	5	4	3	7	1	8	6
3	1	6	8	2	9	5	4	7

037

1	2	9	5	8	6	4	7	3
7	4	6	3	1	2	8	9	5
5	8	3	4	7	9	6	2	1
3	5	2	9	4	7	1	8	6
6	1	7	2	5	8	9	3	4
8	9	4	6	3	1	2	5	7
9	3	1	8	6	5	7	4	2
2	7	5	1	9	4	3	6	8
4	6	8	7	2	3	5	1	9

038

1	9	8	6	2	3	5	7	4
5	6	7	8	4	1	9	2	3
2	4	3	9	5	7	8	1	6
8	1	6	4	3	2	7	5	9
7	3	2	1	9	5	4	6	8
4	5	9	7	6	8	1	3	2
3	2	4	5	1	9	6	8	7
6	7	5	3	8	4	2	9	1
9	8	1	2	7	6	3	4	5

039

8	4	2	3	5	1	7	6	9
5	7	1	6	4	9	2	8	3
6	9	3	2	8	7	5	4	1
9	3	8	7	6	5	4	1	2
2	5	7	8	1	4	3	9	6
4	1	6	9	3	2	8	7	5
7	6	5	1	2	8	9	3	4
3	8	4	5	9	6	1	2	7
1	2	9	4	7	3	6	5	8

040

8	1	5	9	2	6	7	4	3
4	2	7	8	3	5	6	1	9
9	6	3	4	1	7	2	8	5
5	7	2	3	8	9	1	6	4
6	3	4	1	5	2	8	9	7
1	9	8	7	6	4	5	3	2
7	5	9	6	4	8	3	2	1
2	8	1	5	9	3	4	7	6
3	4	6	2	7	1	9	5	8

041

3	4	5	2	6	7	1	9	8
9	8	2	1	3	4	7	5	6
7	6	1	8	9	5	3	2	4
1	2	6	7	4	3	5	8	9
4	7	8	9	5	2	6	1	3
5	9	3	6	8	1	2	4	7
8	5	9	3	2	6	4	7	1
2	3	7	4	1	8	9	6	5
6	1	4	5	7	9	8	3	2

042

6	8	1	3	5	2	4	7	9
9	2	3	7	4	6	1	8	5
7	5	4	8	9	1	2	3	6
8	6	7	1	2	5	9	4	3
5	1	9	4	3	8	6	2	7
4	3	2	9	6	7	5	1	8
2	7	6	5	1	3	8	9	4
3	9	5	2	8	4	7	6	1
1	4	8	6	7	9	3	5	2

043

4	5	7	1	2	6	8	3	9
3	2	6	8	5	9	1	7	4
8	9	1	7	3	4	5	6	2
1	8	4	6	7	5	9	2	3
7	6	2	9	8	3	4	1	5
5	3	9	2	4	1	7	8	6
6	1	5	3	9	8	2	4	7
2	4	8	5	6	7	3	9	1
9	7	3	4	1	2	6	5	8

044

2	6	4	5	1	9	7	8	3
3	1	8	2	7	4	6	5	9
9	7	5	3	8	6	2	4	1
8	2	9	7	4	3	1	6	5
1	5	3	8	6	2	9	7	4
6	4	7	9	5	1	8	3	2
5	8	1	4	2	7	3	9	6
4	9	6	1	3	8	5	2	7
7	3	2	6	9	5	4	1	8

045

8	2	6	9	5	4	3	1	7
1	7	4	2	3	8	6	9	5
5	3	9	6	7	1	4	8	2
2	8	3	5	4	6	9	7	1
4	6	7	1	8	9	5	2	3
9	5	1	7	2	3	8	4	6
7	4	8	3	6	2	1	5	9
6	9	2	8	1	5	7	3	4
3	1	5	4	9	7	2	6	8

046

6	7	1	4	9	8	2	3	5
4	8	5	7	3	2	1	6	9
2	9	3	1	6	5	4	7	8
1	6	9	5	7	4	3	8	2
7	5	2	3	8	6	9	1	4
3	4	8	2	1	9	6	5	7
8	2	4	6	5	3	7	9	1
9	3	7	8	4	1	5	2	6
5	1	6	9	2	7	8	4	3

047

1	8	2	7	9	5	6	3	4
5	3	6	1	2	4	9	8	7
7	4	9	8	3	6	5	1	2
2	5	8	3	6	1	7	4	9
6	7	4	9	8	2	3	5	1
3	9	1	4	5	7	2	6	8
9	6	7	5	1	8	4	2	3
4	1	5	2	7	3	8	9	6
8	2	3	6	4	9	1	7	5

048

2	8	1	7	9	6	5	3	4
5	4	3	2	8	1	9	6	7
6	9	7	5	3	4	1	2	8
7	2	9	1	6	5	4	8	3
1	3	8	9	4	7	2	5	6
4	5	6	8	2	3	7	1	9
9	1	2	6	7	8	3	4	5
3	6	5	4	1	9	8	7	2
8	7	4	3	5	2	6	9	1

THE
STRONGEST
SUDOKU

049

8	6	1	2	3	4	9	7	5
2	4	5	7	8	9	1	6	3
9	7	3	5	6	1	2	4	8
1	5	9	6	2	8	4	3	7
6	8	7	4	1	3	5	9	2
4	3	2	9	5	7	8	1	6
3	1	6	8	4	2	7	5	9
7	2	4	3	9	5	6	8	1
5	9	8	1	7	6	3	2	4

050

9	1	6	2	4	7	3	8	5
2	4	3	5	8	1	6	7	9
8	7	5	3	9	6	1	4	2
6	2	1	9	7	4	5	3	8
5	3	9	8	1	2	7	6	4
4	8	7	6	3	5	9	2	1
7	5	8	4	6	9	2	1	3
1	9	4	7	2	3	8	5	6
3	6	2	1	5	8	4	9	7

051

2	6	7	3	9	4	8	5	1
3	1	4	8	2	5	7	6	9
9	8	5	6	7	1	2	3	4
7	4	3	9	1	6	5	2	8
1	5	2	7	3	8	4	9	6
6	9	8	5	4	2	3	1	7
4	3	6	2	8	9	1	7	5
8	2	9	1	5	7	6	4	3
5	7	1	4	6	3	9	8	2

052

7	2	5	8	9	1	3	6	4
1	8	9	4	3	6	7	5	2
6	4	3	5	7	2	1	9	8
2	6	7	9	8	3	4	1	5
4	9	1	6	2	5	8	3	7
5	3	8	7	1	4	9	2	6
8	7	2	3	5	9	6	4	1
3	5	4	1	6	7	2	8	9
9	1	6	2	4	8	5	7	3

THE STRONGEST SUDOKU

053

3	9	1	5	6	2	7	8	4
8	2	4	1	7	3	9	6	5
6	5	7	8	4	9	3	1	2
7	4	6	3	8	1	5	2	9
1	3	5	9	2	6	8	4	7
9	8	2	7	5	4	1	3	6
2	1	3	4	9	5	6	7	8
5	6	8	2	3	7	4	9	1
4	7	9	6	1	8	2	5	3

054

7	8	2	5	4	6	3	9	1
4	6	9	2	1	3	5	8	7
1	3	5	9	8	7	4	2	6
5	2	8	6	3	1	7	4	9
3	7	1	4	2	9	6	5	8
6	9	4	7	5	8	2	1	3
8	5	3	1	6	4	9	7	2
2	1	7	3	9	5	8	6	4
9	4	6	8	7	2	1	3	5

055

2	3	9	8	6	4	1	7	5
1	4	7	2	9	5	8	3	6
5	8	6	1	3	7	9	2	4
9	1	5	6	2	3	7	4	8
7	2	8	5	4	1	3	6	9
3	6	4	7	8	9	2	5	1
6	9	3	4	7	8	5	1	2
4	7	1	9	5	2	6	8	3
8	5	2	3	1	6	4	9	7

056

4	2	6	8	1	7	5	3	9
5	1	7	3	9	2	8	6	4
9	3	8	4	5	6	2	7	1
6	7	3	1	8	9	4	5	2
8	5	1	2	3	4	6	9	7
2	9	4	6	7	5	1	8	3
1	4	5	7	6	3	9	2	8
3	8	9	5	2	1	7	4	6
7	6	2	9	4	8	3	1	5

057

4	7	9	3	8	6	5	1	2
6	5	1	7	4	2	8	9	3
3	2	8	5	1	9	6	4	7
2	8	7	4	3	1	9	5	6
9	3	6	8	2	5	1	7	4
1	4	5	9	6	7	2	3	8
5	9	4	2	7	8	3	6	1
8	1	3	6	5	4	7	2	9
7	6	2	1	9	3	4	8	5

058

5	6	1	8	4	9	2	7	3
2	8	9	1	3	7	6	4	5
3	7	4	5	2	6	8	1	9
1	2	6	9	7	3	4	5	8
7	3	5	4	8	2	9	6	1
4	9	8	6	1	5	7	3	2
6	1	3	7	9	8	5	2	4
9	5	2	3	6	4	1	8	7
8	4	7	2	5	1	3	9	6

059

9	1	3	8	4	2	6	7	5
2	5	4	7	3	6	9	1	8
8	6	7	1	5	9	2	4	3
5	7	2	4	1	8	3	9	6
3	9	6	5	2	7	4	8	1
1	4	8	9	6	3	7	5	2
4	3	5	6	9	1	8	2	7
7	2	9	3	8	5	1	6	4
6	8	1	2	7	4	5	3	9

060

9	8	2	6	3	4	1	7	5
5	3	4	1	7	9	6	8	2
6	1	7	5	8	2	4	3	9
2	6	8	4	9	5	7	1	3
1	9	5	7	6	3	2	4	8
4	7	3	2	1	8	9	5	6
3	2	6	8	4	1	5	9	7
7	4	9	3	5	6	8	2	1
8	5	1	9	2	7	3	6	4

061

5	8	2	7	4	9	1	6	3
4	7	6	5	1	3	8	9	2
1	3	9	2	6	8	4	5	7
6	4	7	3	9	2	5	8	1
3	1	5	6	8	7	9	2	4
9	2	8	1	5	4	7	3	6
2	5	3	9	7	1	6	4	8
8	9	1	4	2	6	3	7	5
7	6	4	8	3	5	2	1	9

062

1	2	7	4	3	9	6	5	8
9	3	5	8	1	6	7	4	2
8	4	6	5	7	2	1	9	3
7	6	3	2	4	1	5	8	9
4	9	2	7	5	8	3	6	1
5	8	1	9	6	3	2	7	4
6	5	9	3	2	4	8	1	7
3	1	8	6	9	7	4	2	5
2	7	4	1	8	5	9	3	6

063

5	2	3	7	4	1	8	9	6
7	4	6	8	9	2	1	5	3
9	1	8	5	6	3	4	7	2
4	7	5	6	1	8	2	3	9
3	6	1	2	7	9	5	4	8
2	8	9	4	3	5	7	6	1
8	5	4	3	2	6	9	1	7
1	3	2	9	5	7	6	8	4
6	9	7	1	8	4	3	2	5

064

5	3	1	7	4	6	2	9	8
4	9	7	8	2	5	3	6	1
8	6	2	3	9	1	4	5	7
3	1	4	9	5	7	8	2	6
2	5	9	6	8	4	7	1	3
6	7	8	2	1	3	9	4	5
9	2	5	1	7	8	6	3	4
1	8	3	4	6	2	5	7	9
7	4	6	5	3	9	1	8	2

THE STRONGEST SUDOKU

065

1	2	9	8	7	3	5	6	4
6	4	7	5	1	9	3	2	8
8	5	3	2	4	6	7	9	1
7	6	5	3	9	4	1	8	2
3	8	4	1	2	5	6	7	9
9	1	2	6	8	7	4	3	5
5	7	1	9	6	2	8	4	3
2	3	6	4	5	8	9	1	7
4	9	8	7	3	1	2	5	6

066

2	1	4	8	6	7	5	9	3
3	9	7	5	4	2	8	6	1
8	5	6	1	3	9	4	2	7
7	6	3	4	1	8	2	5	9
4	2	9	7	5	3	1	8	6
1	8	5	9	2	6	7	3	4
6	4	1	2	9	5	3	7	8
5	3	8	6	7	4	9	1	2
9	7	2	3	8	1	6	4	5

067

4	9	3	5	6	8	2	7	1
6	1	8	7	2	4	3	9	5
7	5	2	9	1	3	6	4	8
5	2	1	3	7	6	4	8	9
9	6	4	8	5	1	7	2	3
8	3	7	2	4	9	5	1	6
3	7	5	1	9	2	8	6	4
2	4	9	6	8	5	1	3	7
1	8	6	4	3	7	9	5	2

068

9	4	1	7	3	5	2	6	8
6	2	7	4	8	9	3	1	5
5	3	8	6	2	1	4	7	9
8	1	5	2	7	6	9	3	4
4	6	3	9	1	8	7	5	2
2	7	9	5	4	3	1	8	6
3	8	6	1	9	2	5	4	7
1	9	4	8	5	7	6	2	3
7	5	2	3	6	4	8	9	1

069

4	1	3	7	9	5	8	6	2
7	8	2	1	3	6	4	5	9
6	5	9	4	2	8	7	3	1
2	7	1	5	6	9	3	4	8
3	4	5	8	7	2	9	1	6
8	9	6	3	4	1	2	7	5
9	2	4	6	1	7	5	8	3
5	6	7	9	8	3	1	2	4
1	3	8	2	5	4	6	9	7

070

7	9	3	8	2	4	6	5	1
4	1	5	3	6	7	8	2	9
6	8	2	5	9	1	7	3	4
5	4	9	6	3	2	1	8	7
1	3	6	9	7	8	5	4	2
8	2	7	1	4	5	9	6	3
3	5	1	2	8	9	4	7	6
2	7	8	4	1	6	3	9	5
9	6	4	7	5	3	2	1	8

071

8	1	7	4	3	9	2	6	5
5	2	3	1	8	6	7	9	4
6	9	4	7	2	5	3	1	8
1	6	5	2	7	4	8	3	9
3	4	2	9	1	8	5	7	6
7	8	9	5	6	3	4	2	1
2	7	8	6	4	1	9	5	3
4	5	6	3	9	2	1	8	7
9	3	1	8	5	7	6	4	2

072

5	4	9	2	6	1	7	8	3
1	3	7	8	9	4	2	5	6
6	2	8	5	3	7	4	1	9
4	9	6	7	2	5	1	3	8
8	1	2	3	4	6	5	9	7
7	5	3	9	1	8	6	4	2
9	7	5	4	8	2	3	6	1
3	6	4	1	7	9	8	2	5
2	8	1	6	5	3	9	7	4

THE STRONGEST SUDOKU

073

4	6	5	2	9	3	8	7	1
9	2	1	4	8	7	5	6	3
3	8	7	1	6	5	4	9	2
6	7	2	5	1	9	3	4	8
8	1	3	7	4	6	9	2	5
5	9	4	3	2	8	6	1	7
2	5	9	8	7	4	1	3	6
7	4	8	6	3	1	2	5	9
1	3	6	9	5	2	7	8	4

074

4	2	7	5	3	9	1	6	8
1	3	6	8	2	7	9	4	5
9	8	5	6	4	1	2	7	3
8	6	4	2	7	5	3	1	9
2	9	3	1	6	8	7	5	4
5	7	1	4	9	3	6	8	2
7	1	2	3	8	4	5	9	6
6	4	9	7	5	2	8	3	1
3	5	8	9	1	6	4	2	7

075

7	1	2	4	8	6	5	9	3
4	3	5	1	7	9	6	8	2
6	8	9	3	5	2	7	1	4
1	5	7	9	4	3	8	2	6
8	4	6	5	2	1	3	7	9
2	9	3	7	6	8	4	5	1
5	6	8	2	9	4	1	3	7
9	7	1	6	3	5	2	4	8
3	2	4	8	1	7	9	6	5

076

4	2	1	6	5	3	9	7	8
9	7	6	8	4	2	3	5	1
5	8	3	7	9	1	6	4	2
6	3	2	5	7	8	1	9	4
7	4	5	1	2	9	8	6	3
8	1	9	4	3	6	7	2	5
3	9	8	2	6	5	4	1	7
2	6	4	3	1	7	5	8	9
1	5	7	9	8	4	2	3	6

THE STRONGEST SUDOKU

077

2	6	1	9	8	4	5	3	7
8	9	5	3	7	2	4	6	1
4	7	3	5	1	6	9	8	2
1	2	6	4	9	7	8	5	3
5	3	4	6	2	8	7	1	9
7	8	9	1	3	5	6	2	4
6	1	8	7	4	3	2	9	5
9	4	2	8	5	1	3	7	6
3	5	7	2	6	9	1	4	8

078

6	9	1	4	2	5	3	7	8
3	2	8	9	7	1	5	6	4
7	5	4	6	8	3	1	9	2
4	1	9	2	3	6	8	5	7
5	3	6	7	9	8	4	2	1
2	8	7	1	5	4	9	3	6
8	7	2	3	1	9	6	4	5
9	4	5	8	6	2	7	1	3
1	6	3	5	4	7	2	8	9

079

3	1	2	4	7	5	6	8	9
6	4	5	1	8	9	3	2	7
9	7	8	2	3	6	1	5	4
2	8	9	5	4	1	7	6	3
1	3	4	7	6	8	5	9	2
7	5	6	9	2	3	8	4	1
8	6	1	3	9	2	4	7	5
4	2	3	6	5	7	9	1	8
5	9	7	8	1	4	2	3	6

080

8	9	3	4	2	6	7	1	5
4	5	7	1	9	8	3	6	2
6	2	1	5	3	7	4	9	8
5	8	2	7	6	4	1	3	9
9	1	6	3	8	5	2	7	4
3	7	4	2	1	9	5	8	6
1	3	8	9	4	2	6	5	7
7	4	9	6	5	1	8	2	3
2	6	5	8	7	3	9	4	1

081

5	6	2	4	7	9	3	1	8
3	4	9	8	2	1	5	6	7
8	7	1	5	6	3	2	4	9
7	5	8	2	4	6	9	3	1
1	2	3	9	5	7	6	8	4
4	9	6	1	3	8	7	2	5
9	1	7	6	8	2	4	5	3
2	8	4	3	9	5	1	7	6
6	3	5	7	1	4	8	9	2

082

2	5	4	3	9	1	6	7	8
1	8	6	4	2	7	9	5	3
3	9	7	6	5	8	2	4	1
6	2	1	8	4	3	5	9	7
4	3	9	7	1	5	8	6	2
5	7	8	9	6	2	3	1	4
7	4	2	5	3	6	1	8	9
9	6	3	1	8	4	7	2	5
8	1	5	2	7	9	4	3	6

083

9	3	2	5	8	1	6	4	7
1	7	4	9	3	6	2	8	5
6	5	8	7	4	2	1	3	9
8	6	3	1	7	5	4	9	2
7	1	5	4	2	9	3	6	8
2	4	9	8	6	3	7	5	1
4	8	1	6	9	7	5	2	3
5	2	6	3	1	8	9	7	4
3	9	7	2	5	4	8	1	6

084

7	6	9	2	4	3	8	5	1
2	5	3	6	8	1	7	9	4
4	1	8	9	5	7	2	6	3
1	9	5	4	2	8	6	3	7
6	3	4	5	7	9	1	2	8
8	7	2	3	1	6	9	4	5
9	8	6	1	3	5	4	7	2
5	4	1	7	9	2	3	8	6
3	2	7	8	6	4	5	1	9

THE STRONGEST SUDOKU

085

2	7	4	9	6	1	3	8	5
8	5	3	7	2	4	1	6	9
6	9	1	3	8	5	7	2	4
9	4	8	1	7	6	5	3	2
7	6	5	2	9	3	8	4	1
3	1	2	4	5	8	6	9	7
5	8	9	6	1	2	4	7	3
1	3	7	8	4	9	2	5	6
4	2	6	5	3	7	9	1	8

086

8	1	5	3	7	4	6	2	9
2	3	6	8	9	5	4	1	7
4	9	7	1	2	6	3	8	5
3	7	1	5	4	8	2	9	6
5	8	2	9	6	1	7	4	3
9	6	4	2	3	7	1	5	8
6	5	9	7	1	2	8	3	4
1	4	8	6	5	3	9	7	2
7	2	3	4	8	9	5	6	1

087

9	2	8	4	5	7	6	3	1
6	3	7	9	1	8	5	2	4
1	5	4	3	2	6	9	8	7
2	9	5	7	3	1	8	4	6
3	7	6	5	8	4	2	1	9
4	8	1	6	9	2	3	7	5
7	1	3	2	6	5	4	9	8
5	4	9	8	7	3	1	6	2
8	6	2	1	4	9	7	5	3

088

1	4	7	5	3	8	9	6	2
8	9	5	6	2	1	3	7	4
6	3	2	9	4	7	8	5	1
4	2	6	8	9	3	7	1	5
9	5	3	1	7	2	6	4	8
7	1	8	4	6	5	2	3	9
5	6	1	3	8	9	4	2	7
2	8	4	7	1	6	5	9	3
3	7	9	2	5	4	1	8	6

089

2	6	5	7	1	3	9	4	8
9	1	8	2	4	5	7	3	6
3	7	4	6	8	9	2	1	5
8	4	9	5	6	1	3	7	2
5	3	6	9	7	2	1	8	4
1	2	7	8	3	4	5	6	9
6	5	1	3	2	8	4	9	7
4	8	2	1	9	7	6	5	3
7	9	3	4	5	6	8	2	1

090

3	2	4	9	8	7	5	6	1
8	5	7	1	4	6	2	9	3
9	6	1	3	5	2	4	8	7
5	1	2	4	9	8	7	3	6
7	8	3	2	6	1	9	4	5
6	4	9	5	7	3	8	1	2
2	9	8	6	1	5	3	7	4
4	3	6	7	2	9	1	5	8
1	7	5	8	3	4	6	2	9

091

7	5	6	1	2	9	8	3	4
1	8	3	4	7	5	9	2	6
9	4	2	3	6	8	5	7	1
8	1	5	2	9	4	7	6	3
4	3	7	8	1	6	2	9	5
6	2	9	5	3	7	4	1	8
5	9	1	7	4	3	6	8	2
3	7	4	6	8	2	1	5	9
2	6	8	9	5	1	3	4	7

092

2	8	3	1	9	5	7	4	6
9	6	4	8	7	2	5	3	1
5	7	1	6	4	3	8	9	2
1	9	8	4	5	6	2	7	3
7	3	6	2	1	9	4	5	8
4	5	2	3	8	7	6	1	9
3	4	9	5	6	8	1	2	7
8	2	5	7	3	1	9	6	4
6	1	7	9	2	4	3	8	5

THE
STRONGEST
SUDOKU

093

6	9	1	7	2	3	8	4	5
4	7	2	8	9	5	1	6	3
8	5	3	4	1	6	2	9	7
9	1	4	2	8	7	3	5	6
7	3	6	5	4	1	9	8	2
2	8	5	3	6	9	4	7	1
1	2	7	9	5	8	6	3	4
3	4	9	6	7	2	5	1	8
5	6	8	1	3	4	7	2	9

094

8	1	5	3	4	7	2	6	9
7	3	2	6	8	9	4	5	1
4	9	6	1	2	5	8	3	7
5	8	1	2	6	3	7	9	4
6	4	7	5	9	8	3	1	2
9	2	3	7	1	4	5	8	6
2	6	8	4	5	1	9	7	3
1	7	9	8	3	2	6	4	5
3	5	4	9	7	6	1	2	8

095

9	6	4	2	5	3	8	7	1
7	1	2	8	6	4	5	3	9
8	5	3	1	9	7	2	4	6
6	8	1	5	4	2	3	9	7
5	3	9	7	8	6	4	1	2
4	2	7	3	1	9	6	8	5
1	7	5	4	2	8	9	6	3
3	9	8	6	7	5	1	2	4
2	4	6	9	3	1	7	5	8

096

1	9	5	7	3	4	6	2	8
3	4	8	6	2	5	7	1	9
7	6	2	9	1	8	5	4	3
8	1	6	4	5	3	2	9	7
9	5	3	1	7	2	8	6	4
2	7	4	8	9	6	1	3	5
6	8	1	5	4	9	3	7	2
4	2	7	3	8	1	9	5	6
5	3	9	2	6	7	4	8	1

THE STRONGEST SUDOKU

097

3	4	9	1	5	2	8	6	7
6	5	2	8	7	9	4	3	1
7	1	8	4	6	3	5	9	2
5	2	7	3	4	1	9	8	6
4	8	3	7	9	6	1	2	5
9	6	1	5	2	8	7	4	3
2	7	4	9	3	5	6	1	8
8	3	5	6	1	4	2	7	9
1	9	6	2	8	7	3	5	4

098

4	3	5	1	8	7	2	6	9
6	8	7	9	5	2	1	3	4
9	1	2	6	3	4	5	7	8
2	7	3	4	1	8	9	5	6
8	9	4	5	2	6	7	1	3
5	6	1	7	9	3	4	8	2
1	4	9	3	6	5	8	2	7
7	2	6	8	4	1	3	9	5
3	5	8	2	7	9	6	4	1

099

3	2	7	8	5	6	1	9	4
1	6	8	7	9	4	3	5	2
4	5	9	2	1	3	6	8	7
6	1	5	4	2	8	7	3	9
9	3	4	1	6	7	5	2	8
8	7	2	9	3	5	4	6	1
2	9	6	3	7	1	8	4	5
7	4	3	5	8	2	9	1	6
5	8	1	6	4	9	2	7	3

100

8	5	7	4	2	9	3	6	1
6	9	3	1	5	8	7	4	2
4	1	2	3	6	7	8	5	9
2	4	1	5	7	6	9	3	8
9	6	5	2	8	3	1	7	4
3	7	8	9	4	1	5	2	6
7	3	6	8	9	4	2	1	5
5	8	4	7	1	2	6	9	3
1	2	9	6	3	5	4	8	7

101

3	5	1	4	2	6	8	7	9
8	4	7	9	5	3	2	1	6
6	2	9	1	7	8	5	4	3
7	6	2	5	1	9	3	8	4
4	9	8	7	3	2	6	5	1
5	1	3	8	6	4	9	2	7
2	8	4	3	9	1	7	6	5
1	3	5	6	8	7	4	9	2
9	7	6	2	4	5	1	3	8

102

4	7	9	8	6	2	1	3	5
3	6	8	1	5	4	2	7	9
2	5	1	3	9	7	8	6	4
7	1	4	6	2	5	9	8	3
5	8	2	9	3	1	6	4	7
6	9	3	4	7	8	5	2	1
1	3	5	7	8	6	4	9	2
9	2	6	5	4	3	7	1	8
8	4	7	2	1	9	3	5	6

103

1	7	8	2	6	5	4	9	3
6	9	5	3	8	4	2	7	1
4	3	2	7	1	9	6	5	8
8	6	7	5	2	3	9	1	4
2	1	3	4	9	6	5	8	7
9	5	4	8	7	1	3	6	2
5	4	1	6	3	7	8	2	9
3	8	9	1	5	2	7	4	6
7	2	6	9	4	8	1	3	5

104

7	3	1	8	4	5	9	2	6
8	5	2	1	9	6	4	3	7
4	6	9	3	2	7	1	5	8
5	2	3	6	8	9	7	1	4
6	7	4	2	1	3	5	8	9
1	9	8	7	5	4	2	6	3
2	4	7	5	6	8	3	9	1
9	8	5	4	3	1	6	7	2
3	1	6	9	7	2	8	4	5

THE STRONGEST SUDOKU

105

1	9	2	8	6	3	4	5	7
3	4	5	7	1	2	8	6	9
8	6	7	5	9	4	1	2	3
2	5	8	4	3	9	7	1	6
6	1	3	2	7	5	9	4	8
9	7	4	1	8	6	2	3	5
4	2	6	9	5	8	3	7	1
5	8	1	3	2	7	6	9	4
7	3	9	6	4	1	5	8	2

106

2	6	9	3	7	8	4	1	5
1	3	8	6	4	5	7	2	9
7	4	5	9	1	2	3	8	6
3	9	4	7	8	6	1	5	2
8	7	2	5	3	1	6	9	4
6	5	1	2	9	4	8	7	3
9	2	3	1	6	7	5	4	8
5	8	7	4	2	3	9	6	1
4	1	6	8	5	9	2	3	7

107

3	7	8	9	2	5	1	4	6
2	6	1	8	4	3	5	7	9
4	5	9	1	6	7	2	3	8
6	3	2	5	1	4	9	8	7
8	9	7	6	3	2	4	5	1
1	4	5	7	9	8	3	6	2
7	8	4	2	5	1	6	9	3
5	1	6	3	8	9	7	2	4
9	2	3	4	7	6	8	1	5

108

8	6	5	1	7	3	4	9	2
9	3	1	2	8	4	5	6	7
7	2	4	9	6	5	1	3	8
4	7	2	6	1	8	9	5	3
3	5	8	4	9	2	6	7	1
6	1	9	5	3	7	2	8	4
5	8	6	3	4	1	7	2	9
1	9	3	7	2	6	8	4	5
2	4	7	8	5	9	3	1	6

109

7	9	6	8	3	1	2	5	4
1	5	3	7	2	4	8	6	9
8	2	4	5	6	9	1	7	3
6	7	1	9	8	3	4	2	5
9	4	5	1	7	2	3	8	6
2	3	8	4	5	6	9	1	7
4	6	9	2	1	5	7	3	8
5	1	7	3	9	8	6	4	2
3	8	2	6	4	7	5	9	1

110

3	9	2	6	4	1	7	8	5
7	4	5	9	3	8	1	2	6
1	6	8	5	7	2	4	3	9
6	5	1	8	9	7	3	4	2
9	8	3	2	1	4	5	6	7
4	2	7	3	5	6	9	1	8
2	7	4	1	6	9	8	5	3
5	1	6	7	8	3	2	9	4
8	3	9	4	2	5	6	7	1

111

5	6	4	8	9	1	7	2	3
2	3	1	7	5	6	8	4	9
8	9	7	4	3	2	6	5	1
6	1	2	5	7	9	4	3	8
4	5	3	2	6	8	9	1	7
9	7	8	1	4	3	2	6	5
3	2	9	6	1	7	5	8	4
7	8	5	3	2	4	1	9	6
1	4	6	9	8	5	3	7	2

112

3	9	5	6	2	8	1	7	4
7	8	6	9	4	1	2	5	3
4	1	2	3	7	5	6	8	9
9	6	3	7	1	4	5	2	8
5	4	1	2	8	3	9	6	7
8	2	7	5	6	9	4	3	1
6	3	4	8	9	2	7	1	5
2	5	9	1	3	7	8	4	6
1	7	8	4	5	6	3	9	2

THE STRONGEST SUDOKU

113

1	6	7	9	5	4	8	2	3
4	3	8	7	1	2	6	5	9
9	2	5	6	8	3	4	7	1
6	4	2	5	9	1	7	3	8
8	7	9	4	3	6	5	1	2
5	1	3	8	2	7	9	4	6
3	5	6	1	4	8	2	9	7
7	9	1	2	6	5	3	8	4
2	8	4	3	7	9	1	6	5

114

3	4	2	7	5	8	6	1	9
6	1	8	9	3	2	5	4	7
7	5	9	1	6	4	3	2	8
9	2	1	6	8	5	4	7	3
5	8	6	4	7	3	1	9	2
4	7	3	2	9	1	8	6	5
2	3	4	5	1	7	9	8	6
8	6	7	3	4	9	2	5	1
1	9	5	8	2	6	7	3	4

115

2	8	1	3	5	9	4	7	6
9	4	3	6	7	8	1	2	5
7	6	5	2	1	4	3	8	9
5	2	4	8	3	6	7	9	1
1	9	8	5	4	7	6	3	2
3	7	6	9	2	1	8	5	4
4	5	7	1	9	3	2	6	8
6	1	9	7	8	2	5	4	3
8	3	2	4	6	5	9	1	7

116

7	8	2	6	1	9	4	3	5
3	6	1	5	2	4	7	9	8
4	5	9	3	7	8	6	2	1
9	4	6	8	5	3	2	1	7
2	7	3	9	6	1	5	8	4
5	1	8	2	4	7	3	6	9
1	9	4	7	3	6	8	5	2
8	3	5	4	9	2	1	7	6
6	2	7	1	8	5	9	4	3

117

7	9	3	1	6	2	4	8	5
8	2	5	3	7	4	1	6	9
4	1	6	9	5	8	2	3	7
3	4	7	6	9	5	8	2	1
1	6	9	2	8	3	5	7	4
2	5	8	7	4	1	6	9	3
9	3	1	5	2	6	7	4	8
6	7	4	8	1	9	3	5	2
5	8	2	4	3	7	9	1	6

118

3	5	9	8	6	1	7	4	2
8	1	4	7	2	9	6	5	3
6	2	7	3	4	5	8	9	1
5	8	3	9	7	6	1	2	4
1	4	2	5	3	8	9	6	7
9	7	6	4	1	2	5	3	8
4	6	8	2	5	7	3	1	9
7	3	1	6	9	4	2	8	5
2	9	5	1	8	3	4	7	6

119

4	5	2	3	6	8	1	9	7
3	1	7	9	4	2	8	6	5
9	6	8	5	1	7	2	3	4
8	3	6	1	5	9	7	4	2
2	4	5	8	7	3	6	1	9
7	9	1	6	2	4	3	5	8
5	8	9	7	3	1	4	2	6
6	2	3	4	8	5	9	7	1
1	7	4	2	9	6	5	8	3

120

6	3	7	2	9	4	8	5	1
4	1	8	3	7	5	9	6	2
5	9	2	8	1	6	3	7	4
3	5	4	6	2	8	7	1	9
9	8	1	4	5	7	2	3	6
7	2	6	9	3	1	4	8	5
8	4	9	5	6	3	1	2	7
2	7	5	1	8	9	6	4	3
1	6	3	7	4	2	5	9	8